Photoshop CC

抠图+修图+调色+合成+特效
标准培训教程

数字艺术教育研究室 刘淼 编著

U0280102

人民邮电出版社

北京

图书在版编目（ＣＩＰ）数据

Photoshop CC 抠图+修图+调色+合成+特效标准培训教程 / 数字艺术教育研究室，刘淼编著. -- 北京 ：人民邮电出版社，2022.5（2023.8重印）
ISBN 978-7-115-57886-0

Ⅰ. ①P… Ⅱ. ①数… ②刘… Ⅲ. ①图像处理软件—教材 Ⅳ. ①TP391.413

中国版本图书馆CIP数据核字(2021)第241019号

内 容 提 要

　　本书全面系统地介绍了 Photoshop CC 2019 的基本操作方法及图形图像处理技巧，内容包括 Photoshop 的应用领域、Photoshop 的基本操作、图层的基本应用、图像的基础处理、抠图、修图、调色、合成、特效应用等。本书最后还安排了一章商业实战，通过对 25 个商业实例的学习，读者可以进一步提高 Photoshop 的综合运用能力。全书主要采用案例的形式对知识点进行讲解，读者在学习本书的过程中，不但能掌握各个知识点，而且能掌握案例的制作方法，做到学以致用。

　　本书附带学习资源，内容包括书中所有案例的素材、效果文件及在线视频，读者可通过在线方式获取这些资源，具体方法请参看本书前言。

　　本书适合作为院校和培训机构艺术专业课程的教材，也可作为 Photoshop 自学人士的参考用书。

◆ 编　　著　数字艺术教育研究室　刘　淼
　　责任编辑　李　东
　　责任印制　马振武

◆ 人民邮电出版社出版发行　　北京市丰台区成寿寺路 11 号
　　邮编　100164　电子邮件　315@ptpress.com.cn
　　网址　https://www.ptpress.com.cn
　　北京捷迅佳彩印刷有限公司印刷

◆ 开本：700×1000　1/16
　　印张：13　　　　　　　　　2022 年 5 月第 1 版
　　字数：304 千字　　　　　　2023 年 8 月北京第 5 次印刷

定价：69.00 元

读者服务热线：(010)81055410　印装质量热线：(010)81055316
反盗版热线：(010)81055315
广告经营许可证：京东市监广登字 20170147 号

前 言

Photoshop是Adobe公司开发的图形图像处理软件。它功能强大、易学易用，深受图形图像处理爱好者和平面设计人员的喜爱，已经成为这一领域非常流行的软件。目前，我国很多院校和培训机构的艺术类专业都将Photoshop列为一门重要的专业课程。为了帮助院校和培训机构的教师全面、系统地讲授这门课程，也为了帮助读者能够熟练地使用Photoshop进行设计创意，数字艺术教育研究室组织院校从事Photoshop教学的教师与专业平面设计公司经验丰富的设计师共同编写了本书。

我们对本书的编写体例做了精心的设计，按照"软件功能解析—课堂实战演练—综合实例演练—课堂练习—课后习题"这一思路进行编排。力求通过软件功能解析，使读者深入学习软件功能和使用技巧；通过课堂实战演练，使读者快速熟悉软件功能；通过综合实例演练，使读者深入学习软件的功能和艺术设计思路；通过课堂练习和课后习题，拓展读者的实际应用能力。在内容编写方面，力求细致全面、突出重点；在文字叙述方面，注意言简意赅、通俗易懂；在案例选取方面，注重案例的针对性和实用性。

本书附带学习资源，内容包括书中所有案例的素材及效果文件。读者在学完本书内容以后，可以调用这些资源进行深入练习。这些学习资源文件均可在线获取，扫描"资源获取"二维码，关注"数艺设"的微信公众号，即可得到资源文件获取方式，并且可以通过该方式获得"在线视频"的观看地址。另外，购买本书作为授课教材的教师可以通过该方式获得教师专享资源，其中包括教学大纲、电子教案、PPT课件，以及课堂实战、综合实例、课堂练习和课后习题的教学视频等相关教学资源包。如需资源获取技术支持，请致函szys@ptpress.com.cn。本书的参考学时为64学时，其中实训环节为38学时，各章的参考学时请参见下面的学时分配表。

章 序	课程内容	学时分配	
		讲 授	实 训
第1章	初识Photoshop	2	
第2章	Photoshop的基本操作	2	
第3章	图层的基本应用	2	
第4章	图像的基础处理	2	
第5章	抠图	2	6
第6章	修图	2	6
第7章	调色	2	6
第8章	合成	2	6
第9章	特效	2	6
第10章	商业实战	8	8
学 时 总 计		26	38

由于时间仓促，编者水平有限，书中难免存在不足之处，敬请广大读者批评指正。

编 者
2022年1月

资源与支持

本书由"数艺设"出品，"数艺设"社区平台（www.shuyishe.com）为您提供后续服务。

学习资源
所有案例的素材、效果文件和在线视频

教师专享资源
教学大纲
电子教案
PPT课件
教学视频

资源获取请扫码

"数艺设"社区平台，为艺术设计从业者提供专业的教育产品。

与我们联系

我们的联系邮箱是 szys@ptpress.com.cn。如果您对本书有任何疑问或建议，请您发邮件给我们，并请在邮件标题中注明本书书名及ISBN，以便我们更高效地做出反馈。

如果您有兴趣出版图书、录制教学课程，或者参与技术审校等工作，可以发邮件给我们。如果学校、培训机构或企业想批量购买本书或"数艺设"出版的其他图书，也可以发邮件联系我们。

如果您在网上发现针对"数艺设"出品图书的各种形式的盗版行为，包括对图书全部或部分内容的非授权传播，请您将怀疑有侵权行为的链接通过邮件发给我们。您的这一举动是对作者权益的保护，也是我们持续为您提供有价值的内容的动力之源。

关于"数艺设"

人民邮电出版社有限公司旗下品牌"数艺设"，专注于专业艺术设计类图书出版，为艺术设计从业者提供专业的图书、视频电子书、课程等教育产品。出版领域涉及平面、三维、影视、摄影与后期等数字艺术门类，字体设计、品牌设计、色彩设计等设计理论与应用门类，UI设计、电商设计、新媒体设计、游戏设计、交互设计、原型设计等互联网设计门类，环艺设计手绘、插画设计手绘、工业设计手绘等设计手绘门类。更多服务请访问"数艺设"社区平台www.shuyishe.com。我们将提供及时、准确、专业的学习服务。

目 录

第 **1** 章

初识Photoshop

本章介绍

在学习Photoshop软件之前，首先要了解Photoshop的概况和应用领域，只有认识了Photoshop软件的特点和功能，才能更好地学习和运用Photoshop，从而为我们的工作和学习带来便利。

学习目标

◆ 了解Photoshop的概况。

◆ 了解Photoshop的应用领域。

1.1 Photoshop概述

Adobe Photoshop是一款专业的图形图像处理软件，深受创意设计人员和图像处理爱好者的喜爱。Photoshop拥有强大的绘图和编辑工具，可以对图像、图形、文字、视频等进行编辑，完成抠图、修图、调色、合成、特效添加、3D创作、视频编辑等工作。

Photoshop是一款功能较强大的图形图像处理软件，人们常说的P图，就是从Photoshop而来。作为设计师，无论身处平面、网页、动画和影视等哪个领域，都需要熟练掌握Photoshop。

1.2 应用领域

1.2.1 图像处理

Photoshop具有强大的图像处理功能，能够最大限度地满足人们对美的追求。通过Photoshop的抠图、修图、照片美化等功能，可以让图像变得更加完美，如图1-1所示。

图1-1

1.2.2 视觉创意

Photoshop提供了无限广阔的创作空间，用户可以发挥想象力对图像进行合成、添加特效及3D创作等，达到视觉与创意的完美结合，如图1-2所示。

图1-2

1.2.3 数字绘画

Photoshop提供了丰富的色彩及种类繁多的绘制工具，为数字艺术创作提供了便利条件，我们可以在计算机上绘制出风格多样的精美插画和游戏美术。数字绘画已经成为新文化群体表达意识形态的重要途径，在日常生活中随处可见，如图1-3所示。

图1-3

1.2.4 平面设计

平面设计是Photoshop应用较为广泛的领域，无论是广告、招贴，还是宣传单、海报等，具有丰富图像的平面印刷品都可以使用Photoshop来完成，如图1-4所示。

图1-4

图1-4（续）

1.2.5 包装设计

在书籍装帧设计和产品包装设计中，Photoshop对图像元素的处理也至关重要，如图1-5所示。

图1-5

1.2.6 界面设计

随着互联网的普及，人们对界面的审美要求也在不断提升，Photoshop的应用就显得尤为重要了。它可以美化网页元素，制作各种真实的

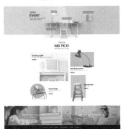

质感和特效，受到越来越多设计者的喜爱，如图1-6所示。

图1-6

1.2.7　产品设计

在产品设计的效果图表现阶段，经常要使用Photoshop来绘制产品效果图。利用Photoshop的强大功能可以充分表现产品功能上的细节和优势，设计出造价低且能赢得顾客青睐的产品，如图1-7所示。

图1-7

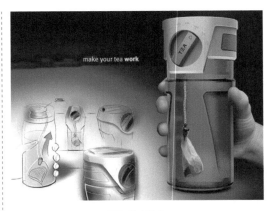

图1-7（续）

1.2.8　效果图处理

Photoshop作为强大的图像处理软件，不仅可以对渲染出的室内外效果图进行配景、色调调整等后期处理，还可以绘制精美贴图，将其贴在模型上，以达到更好的渲染效果，如图1-8所示。

图1-8

第 2 章

Photoshop的基本操作

本章介绍

要想熟练地运用Photoshop，首先要了解Photoshop的基本功能。了解Photoshop的工作界面、工具箱、辅助工具，掌握Photoshop的文件编辑方法、常用工具的使用方法和还原操作，有助于读者在之后的学习和工作中得心应手地使用Photoshop。

学习目标

◆ 了解Photoshop的工作界面。

◆ 掌握Photoshop的文件编辑方法。

◆ 了解Photoshop的工具箱。

◆ 掌握Photoshop中的常用工具。

◆ 了解Photoshop的辅助工具。

◆ 掌握Photoshop的还原操作。

2.1.1 工作界面布局

双击桌面上的Photoshop图标，打开Photoshop，其工作界面如图2-1所示，主要由菜单栏、属性栏、工具箱和控制面板组成。

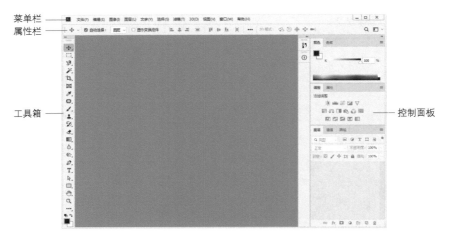

图2-1

在菜单栏中，可以通过选择相关命令完成编辑图像、调整色彩和添加滤镜等操作。

在属性栏中，可以设置工具的各种选项，属性栏会随着所选工具的不同而改变选项内容。

在工具箱中，可以选择相关工具完成绘制图像、添加文字和显示图像等操作。

控制面板包括颜色、调整、图层和通道等面板，可用于选择颜色、调整色调、编辑图层和通道等。

当新建一个文档或打开一张图像时，工作界面中就会显示出文档的标题栏、图像窗口和状态栏，如图2-2所示。

图2-2

标题栏可以显示文档名称、文件格式和窗口缩放比例等信息。

图像窗口可以显示和编辑图像。

状态栏可以提供当前文件的显示比例、文档大小和暂存盘大小等提示信息。

2.1.2　工作区命令

选择"窗口 > 工作区"命令，弹出下拉菜单，如图2-3所示，可以切换、新建、编辑和删除工作区。

图2-3

2.1.3　显示或隐藏工作区

按Tab键，可以隐藏工具箱和控制面板，如图2-4所示；再次按Tab键，可以显示出隐藏的工具箱和控制面板。按Shift+Tab组合键，可以隐藏控制面板，如图2-5所示；再次按Shift+Tab组合键，可以显示出隐藏的控制面板。

图2-4

图2-5

按F键，可切换到带有菜单栏的全屏模式；再次按F键，可切换到全屏模式；再次按F键，可返回标准屏幕模式。

2.2　Photoshop的文件编辑

掌握文件的基本操作方法是开始设计和制作作品所必需的技能。下面将具体介绍Photoshop软件中文件的编辑方法。

2.2.1　新建图像

新建图像是使用Photoshop进行设计的第一步。如果要在一个空白的图像上绘图，就要在Photoshop中新建一个图像文件。

选择"文件 > 新建"命令，或按Ctrl+N组合键，弹出"新建文档"对话框，如图2-6所示。

在对话框中，根据需要单击上方的类别选项卡，选择预设的文档类型；或在右侧的选项中修改图像的名称、宽度、高度、分辨率、颜色模式等，单击图像名称右侧的 按钮，可新建文档预设。设置完成后，单击"创建"按钮，即可新建图像，如图2-7所示。

图2-6

图2-7

2.2.2 打开图像

如果要对照片或图片进行修改和处理，就要在Photoshop中打开需要的图像。

1. 拖曳打开图像

打开存放图片的文件夹，选取图片并将其拖曳到桌面上的Photoshop图标上，如图2-8所示，即可启动Photoshop并打开该文件，如图2-9所示。

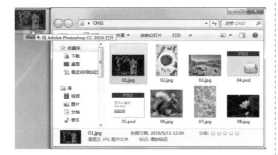

图2-8

图2-9

打开存放图片的文件夹，选择需要的图片，将其拖曳到Photoshop文档窗口的标题栏中，如图2-10所示，即可在Photoshop中打开该文件，如图2-11所示。

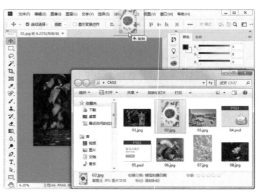

图2-10

图2-11

2．使用命令打开图像

选择"文件>打开"命令或按Ctrl+O组合键，弹出"打开"对话框，如图2-12所示。可以搜索路径和文件，确认文件类型和名称，单击"打开"按钮，即可打开所指定的图像文件，如图2-13所示。

图2-12

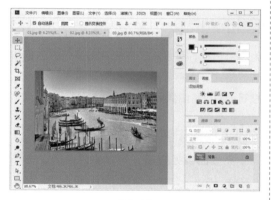

图2-13

3．在工作区双击打开图像

在空白工作区中双击，弹出"打开"对话框，如图2-14所示。直接双击需要打开的图片，即可打开该图片，如图2-15所示。

图2-14

图2-15

4．打开最近打开的图像

选择"文件>最近打开文件"命令，在子菜单中选择需要打开的文件，即可打开该文件，如图2-16所示。

图2-16

5．打开为智能对象

选择"文件>打开为智能对象"命令，弹出"打开"对话框，选择需要的图片，如图2-17所示。单击"打开"按钮，图片自动转换为智能对象打开，如图2-18所示。

图2-17

图2-18

提示

在"打开"对话框中选择文件时，按住Ctrl键的同时单击文件，可以选择不连续的多个文件；按住Shift键的同时单击文件，可以选择连续的多个文件。

2.2.3 保存图像

编辑和制作完图像后，就需要将图像进行保存，以便于下次打开继续操作。

选择"文件>存储"命令，或按Ctrl+S组合键，可以存储文件。当设计好的作品进行第一次存储时，选择"文件>存储"命令，弹出"另存为"对话框，如图2-19所示，可以输入文件名，选择文件格式，单击"保存"按钮，将图像保存。

图2-19

提示

当对已经存储过的图像文件进行各种编辑操作后，选择"存储"命令，将不弹出"另存为"对话框，计算机直接保存最终确认的结果，并覆盖原始文件。

选择"文件>存储为"命令，弹出"另存为"对话框，可以将文件保存为另外的名称和其他格式，或存储到其他位置。单击"保存"按钮，即可将图像另外保存。

2.2.4 关闭图像

完成图像处理后，可以将其关闭。选择"文件>关闭"命令，或按Ctrl+W组合键，可以关闭文件。关闭文件时，若当前文件被修改过或是新建的文件，则会弹出提示框，如图2-20所示。单击"是"按钮，即可存储并关闭图像。

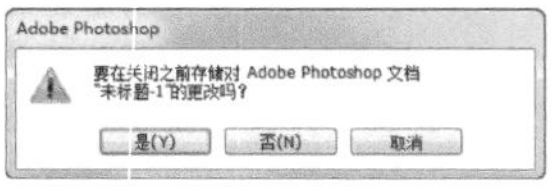

图2-20

选择"文件>关闭全部"命令，或按Alt+Ctrl+W组合键，可以关闭打开的多个文件。

选择"文件>退出"命令，或按Ctrl+Q组合键，或单击程序窗口右上角的 ✖ 按钮，可以关闭文件并退出Photoshop。

2.3 Photoshop的工具箱

位于Photoshop工作界面最左侧的就是工具箱，其中包含了用于创建和编辑图像、图稿、页面元素的工具和按钮，如图2-21所示。它分为选择工具、绘图工具、填充工具、修饰工具、颜色选择工具、屏幕视图工具和快速蒙版工具等几大类，如图2-22所示。

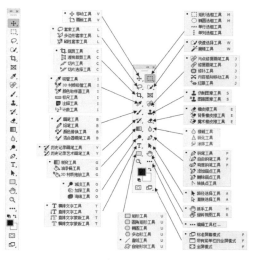

图2-21　　　　图2-22

1. 显示名称和快捷键

将鼠标指针放置在某个具体工具的上方，此时会出现一个演示框，上面会显示该工具的名称和功能，如图2-23所示。工具名称后面括号中的字母代表选择此工具的快捷键，只要在键盘上按下该快捷键，就可以快速切换为相应的工具。

图2-23

2. 设置工具快捷键

选择"编辑>键盘快捷键"命令，弹出"键盘快捷键和菜单"对话框，如图2-24所示。在"快捷键用于"选项中选择"工具"，在下面的列表框中选择需要修改快捷键的工具，单击

快捷键，可以显示编辑框，在键盘上按下要修改的快捷键，可以显示修改后的快捷键，单击"确定"按钮，即可修改工具快捷键。

图2-24

3. 切换工具箱的显示状态

Photoshop的工具箱可以根据需要在单栏与双栏之间自由切换。默认工具箱显示为单栏，如图2-25所示。单击工具箱上方的双箭头图标，工具箱即可转换为双栏，如图2-26所示。

图2-25

图2-26

4. 显示隐藏的工具

在工具箱中，部分工具图标的右下方有一个黑色的小三角◢，这表示该工具下还有隐藏的工具。在工具箱中有小三角的工具图标上按住鼠标左键不放，弹出隐藏的工具，如图2-27所示。将鼠标指针移动到需要的工具图标上，即可选择该工具。

5. 恢复工具的默认设置

要想恢复工具默认的设置，可以选择该工具后，在相应的工具属性栏中，用鼠标右键单击

工具图标，在弹出的菜单中选择"复位工具"命令，如图2-28所示。

 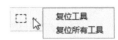

图2-27　　　　　　　图2-28

6. 鼠标指针的显示状态

当选择工具箱中的工具后，鼠标指针就变为工具图标。例如，选择裁剪工具 ☐，图像窗口中的鼠标指针也随之显示为裁剪工具的图标，如图2-29所示。选择画笔工具 ✐，鼠标指针显示为画笔工具的对应图标，如图2-30所示。按下Caps Lock键，鼠标指针转换为精确的十字形图标，如图2-31所示。

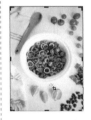  

图2-29　　　　　图2-30　　　　　图2-31

2.4　Photoshop的常用工具

2.4.1　移动工具

移动工具 ⊹ 位于工具箱的第一组，是最常用的工具之一。不论是移动同一文件中的图层、选区内的图像，还是将其他文件中的图像拖入当前图像，都需要使用该工具。

1. 在同一文件中移动图像

打开素材文件，如图2-32所示。选择移动工具 ⊹，在图像窗口中拖曳鼠标，如图2-33所示，释放鼠标移动图像，效果如图2-34所示。

图2-32　　　　　　　图2-33

图2-34

在图像上绘制选区，如图2-35所示。选择移动工具 ⊕，在图像窗口中的选区内拖曳鼠标，如图2-36所示，释放鼠标移动图像，如图2-37所示。

图2-35

图2-36

图2-37

按键盘上的方向键，可以将图像微移——像素。按住键盘上的方向键不放，可以连续移动图层中的图像。按住Shift键的同时按方向键，每次可以将图像移动10像素。若移动时按住Alt键，可以复制图像，同时生成一个新的图层。

提示

锁定的图层是不能移动的，只有将图层解锁之后，才能对其进行移动。

2. 在不同文件中移动图像

打开两个文档，如图2-38所示，将文字图片拖曳到图像窗口中，鼠标指针变为 形状，如图2-39所示，释放鼠标，文字图片被移动到图像窗口中，如图2-40所示。

图2-38

图2-39

图2-40

提示

当使用其他工具对图像进行编辑时，按住Ctrl键，可以将工具切换到移动工具 ⊕。

2.4.2 缩放工具

使用Photoshop处理图像时，可以改变图像的显示比例，使工作更便捷、高效。

1. 手动缩放图像

打开一张图像，以100%的比例显示，如图2-41所示。选择缩放工具 ，图像窗口中的鼠标指针变为放大镜形状 ，单击图像，图像会放大一倍，图像以200%的比例显示，如图2-42所示。继续单击或按快捷键Ctrl++，可逐级放大图像。

图2-41

图2-42

选择缩放工具 🔍，图像窗口中的鼠标指针变为放大镜形状🔍，按住Alt键不放，鼠标指针变为缩小图标🔍。在图像上单击，图像将缩小显示一级，如图2-43所示。按快捷键Ctrl+－，图像会再缩小一级，如图2-44所示。继续单击或按快捷键Ctrl+－，可逐级缩小图像。

图2-43

图2-44

当要放大或缩小一个指定区域时，在需要的区域按住鼠标左键不放，到需要的大小后释放鼠标，选中的区域就会放大或缩小显示。取消勾选属性栏中的"细微缩放"复选框，可在图像上框选出矩形选区，以将选中的区域放大或缩小。

2．通过属性栏按钮缩放视图

在缩放工具的属性栏中单击 适合屏幕 按钮，可将图像窗口缩放到适合工作区，效果如图2-45

所示。单击 100% 按钮，图像将以实际大小显示，效果如图2-46所示。单击 填充屏幕 按钮，将缩放图像窗口，使其填满整个工作区，效果如图2-47所示。

图2-45

图2-46

图2-47

2.4.3 抓手工具

选择抓手工具 ，图像窗口中的鼠标指针变为抓手 ，如图2-48所示，在放大的图像中拖曳鼠标，可以观察图像的每个部分。

图2-48

🔍 **提示**

如果正在使用其他工具进行操作，按住空格键，可以快速切换到抓手工具 。

🔍 **扩展**

抓手工具与移动工具不同，抓手工具移动的只是图片的视图，对图像的位置是不会有任何影响的。而移动工具是移动了图像的位置。

2.4.4 前景色与背景色

Photoshop中前景色与背景色的设置图标在工具箱的底部，位于前面的是前景色，位于后面的是背景色。

1. 前景色与背景色的应用

前景色主要用于绘画工具和绘图工具绘制的图形颜色，以及文字工具创建的文字颜色；背景色主要用于橡皮擦擦除的区域颜色，以及加大画布时的背景颜色。

2. 修改前景色与背景色

默认情况下，前景色为黑色，背景色为白色。单击"设置前景色"图标，弹出"拾色器（前景色）"对话框，如图2-49所示，直接拖曳滑块或在选项中进行设置，如图2-50所示，单击"确定"按钮，可以修改前景色，如图2-51所示。用相同的方法可以修改背景色。

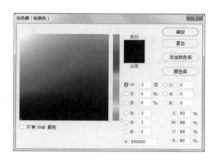

图2-49

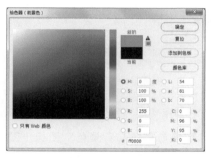

图2-50 图2-51

选择"窗口 > 颜色"命令或按F6键，弹出"颜色"面板，如图2-52所示，面板左上方的两个色块分别为"设置前景色"图标和"设置背景色"图标。选取"设置前景色"图标，拖曳右侧的滑块或输入需要的数值，可以修改前景色。选取"设置背景色"图标，拖曳右侧的滑块或输入需要的数值，可以修改背景色，如图2-53所示。

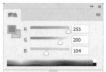

图2-52 图2-53

选择"窗口 > 色板"命令，弹出"色板"面板，在面板中选取需要的色块，可以修改背景色，如图2-54所示。单击"颜色"面板中的"设置前景色"图标，在面板中选取需要的色块，可以修改前景色，如图2-55所示。

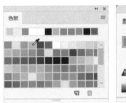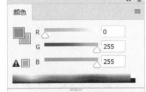

图2-54

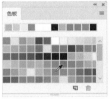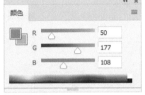

图2-55

3. 切换和恢复前景色、背景色

单击"切换前景色和背景色"图标（图2-56）或按X键，可以切换前景色和背景色，如图2-57所示。单击"默认前景色和背景色"图标或按C键，可以将前景色和背景色恢复为系统默认的颜色，如图2-58所示。

图2-56　　　　图2-57　　　　图2-58

2.4.5　测量工具

Photoshop中常用的测量工具有吸管工具 和标尺工具 。下面对这两种工具进行具体讲解。

1. 吸管工具

吸管工具可以用于测量图片中某一点的颜色值（最多可以测量4点），也可以设置前景色与背景色。

选择"窗口>信息"命令，弹出"信息"面板。选择吸管工具 ，将鼠标指针移到图片内需要测量的像素点上，该点的颜色值就会显示在"信息"面板中，如图2-59所示。按住Shift键的同时，用吸管工具 在图像窗口中需要的颜色上单击添加测量点，"信息"面板显示该点的颜色值，如图2-60所示。

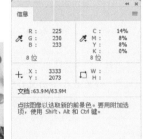

图2-59

图2-60

按住Shift键的同时，在第2个需要的颜色上单击添加测量点，"信息"面板显示该点的颜色值，如图2-61所示。用相同的方法再添加两个测量点，如图2-62所示。

图2-61

图2-62

选择吸管工具 ✐，按住Shift键（或Ctrl键）的同时，将鼠标指针置于测量点上，鼠标指针变为▶✚形状，如图2-63所示。将测量点拖曳到图像窗口外，可以删除测量点，如图2-64所示。用相同的方法删除其他测量点，如图2-65所示。

图2-63

图2-64　　　　　　　　图2-65

选择吸管工具 ✐，在图像窗口中需要的颜色上单击，可以将该点的颜色设为前景色，如图2-66所示。按住Alt键的同时，在图像窗口中需要的颜色上单击，可以将该点的颜色设为背景色，如图2-67所示。

图2-66　　　　　　　　图2-67

2. 标尺工具

标尺工具可以测量坐标、尺寸和角度的数值。选择标尺工具 ⟋，在图像窗口中选取一个起点，如图2-68所示，拖曳鼠标到需要的位置，如图2-69所示，释放鼠标，绘制出标尺。属性栏和"信息"面板中就会显示坐标、尺寸和角度，如图2-70和图2-71所示。

图2-68　　　　　　　　图2-69

图2-70

图2-71

图2-72

图2-73

单击属性栏中的"清除"按钮，可以删除当前标尺，如图2-72所示。选择标尺工具，在图像窗口中绘制起点和终点坐标，如图2-73所示，单击属性栏中的"拉直图层"按钮，即可将图片沿坐标拉直，如图2-74所示。

图2-74

2.5 Photoshop的辅助工具

标尺、参考线、网格和注释工具都属于辅助工具，这些工具可以使图像处理更加精确，而实际设计任务中的许多问题也需要使用辅助工具来解决。

2.5.1 标尺的设置

设置标尺可以精确地处理图像。选择"编辑 > 首选项 > 单位与标尺"命令，打开"首选项"对话框，如图2-75所示。"单位"选项组用于设置标尺和文字的显示单位，有不同的显示单位可供选择；"列尺寸"选项组用于设置将要导入排版文件的图像的宽度和装订尺寸；"新文档预设分辨率"选项组用于设置新文档预设的打印和屏幕分辨率；"点/派卡大小"选项组用于设置每英寸的点数。

图2-75

1. 显示标尺

打开一张图像，如图2-76所示，选择"视图＞标尺"命令或按Ctrl+R组合键，可以显示标尺，如图2-77所示。

图2-76

图2-77

2. 修改原点位置

在图像窗口中移动鼠标，可在标尺中显示鼠标指针的精确位置，如图2-78所示。默认情况下，标尺的原点位置在窗口的左上角，如图2-79所示。

图2-78

图2-79

将鼠标指针置于标尺原点处，向右下方拖曳鼠标，画面中显示出十字线，如图2-80所示，将其拖曳到需要的位置，释放鼠标即可修改标尺原点的位置，如图2-81所示。

图2-80

图2-81

在标尺原点处双击，可将标尺原点恢复到默认的位置。

🔍 **提示**

在修改标尺原点位置的过程中，按住Shift键，可以使标尺原点与标尺的刻度对齐。

3. 修改标尺单位

在标尺上单击鼠标右键，显示出单位选项，选取需要的单位，如图2-82所示，可以修改标尺单位，如图2-83所示。

图2-82

图2-83

2.5.2　参考线的设置

1. 拖曳添加参考线

在水平标尺上向下拖曳鼠标，可以拖曳出水平参考线，如图2-84所示。用相同的方法从垂直标尺上拖曳出垂直参考线，如图2-85所示。

图2-84

图2-85

2. 移动参考线

选择移动工具 ⊕，将鼠标指针置于参考线上，鼠标指针变为 ╫ 形状，如图2-86所示，拖曳参考线到适当的位置，可以移动参考线，如图2-87所示。

图2-86　　　　　　　图2-87

按住Shift键的同时拖曳参考线，如图2-88所示，可以使参考线与标尺上的刻度线对齐，如图2-89所示。

图2-88　　　　　　　图2-89

3. 精确添加参考线

选择"视图 > 新建参考线"命令，弹出"新建参考线"对话框，设置需要的数值，如图2-90所示，单击"确定"按钮，可以新建垂直参考线，如图2-91所示。用相同的方法新建水平参考线，如图2-92所示。

图2-90

图2-91　　　　　　　图2-92

4. 锁定、解锁参考线

选择"视图 > 锁定参考线"命令或按

Alt+Ctrl+；组合键，可以锁定参考线，锁定后的参考线是不能移动的，如图2-93所示。再次选择"视图 > 锁定参考线"命令或按Alt+Ctrl+；组合键，可以解锁参考线，如图2-94所示。

图2-93　　　　　　　图2-94

5. 显示、隐藏参考线

选择"视图 > 显示 > 参考线"命令或按Ctrl+；组合键，可以隐藏参考线，如图2-95所示。再次选择"视图 > 显示 > 参考线"命令或按Ctrl+；组合键，可以显示参考线，如图2-96所示。

图2-95　　　　　　　图2-96

6. 删除参考线

将参考线拖曳到标尺上，如图2-97所示，释放鼠标即可删除参考线，如图2-98所示。选择"视图 > 清除参考线"命令，可以清除图像窗口中所有的参考线，如图2-99示。

图2-97

图2-98　　　　　　　　图2-99

2.5.3　智能参考线

打开一张图像，如图2-100所示。选择"视图 > 显示 > 智能参考线"命令，启用智能参考线。选择移动工具 ⊕，移动图片时，可以通过显示的智能参考线将其与文字对齐，如图2-101所示。

图2-100

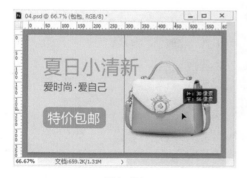

图2-101

🔍 **提 示**

智能参考线是一种智能化的参考线，只有在进行移动、对齐等操作时才会出现。

2.5.4　网格线的设置

设置网格线可以更精确地处理图像，设置方法如下。

选择"编辑 > 首选项 > 参考线、网格和切片"命令，打开"首选项"对话框。"参考线"选项组用于设定参考线的颜色和样式，"网格"选项组用于设定网格的颜色、样式、网格线间隔和子网格等，"切片"选项组用于设定线条颜色和显示切片编号。

1.　显示网格线

打开一张图像，显示标尺，如图2-102所示。选择"视图 > 显示 > 网格"命令或按Ctrl+'组合键，可以显示网格，如图2-103所示。选择移动工具 ⊕，可以参考网格线将文字拖曳到适当的位置，如图2-104所示。

图2-102

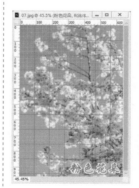

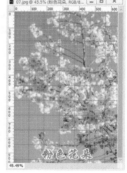

图2-103　　　　　　　　图2-104

2.　设置网格线

默认状态下，"视图 > 对齐到 > 网格"命令处于启用状态。选择"编辑 > 首选项 > 参考线、网格和切片"命令，弹出相应的对话框，如图2-105所示。按需要进行设置，如图2-106所示，单击"确定"按钮，完成网格线的设置，如图2-107所示。选择"视图 > 显示 > 网格"命令或按Ctrl+'组合键，可以隐藏网格，如图2-108所示。

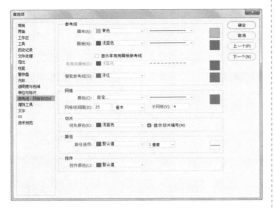

图2-105

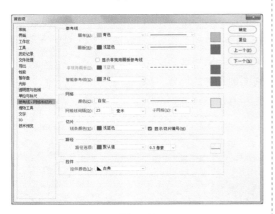

图2-106

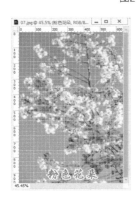

图2-107　　　　　图2-108

2.5.5　注释工具

使用注释工具可以在图像的任一位置添加制作说明或其他有用信息。

1. 添加注释

打开一张图像，如图2-109所示。选择注释工具 ，在属性栏的"作者"文本框中输入需要的文字，如图2-110所示。在图像窗口中单击，弹出图像的"注释"面板，如图2-111所示，在面板中输入注释文字，如图2-112所示。用相同的方法再添加两个注释，如图2-113所示。

图2-109

图2-110

图2-111　　　　　图2-112

图2-113

2. 查看注释

双击注释图标，如图2-114所示，可以在弹出的"注释"面板中查看注释内容，如图2-115所示。

单击"注释"面板中的"选择上一个注释"按钮 ←，可以查看上一个注释，如图2-116所示。单击"注释"面板中的"选择下一个注释"按钮 →，可以查看下一个注释，如图2-117所示。

图2-114

图2-115

图2-116

图2-117

3. 关闭注释

选取需要的注释图标，单击鼠标右键，在弹出的菜单中选择"关闭注释"命令，如图2-118所示，可以关闭注释，如图2-119所示。

图2-118

图2-119

4. 删除注释

单击"注释"面板中的"删除注释"按钮 ，

如图2-120所示，弹出提示对话框，如图2-121所示，单击"是"按钮，可以删除注释，如图2-122所示。

图2-120

图2-121

图2-122

在注释图标上单击鼠标右键，在弹出的菜单中选择"删除所有注释"命令，如图2-123所示，弹出提示对话框，如图2-124所示，单击"确定"按钮，可以删除所有注释，如图2-125所示。

图2-123

图2-124

图2-125

2.6 Photoshop的还原操作

在绘制和编辑图像的过程中，经常会错误地执行一个操作或对制作的一系列效果不满意。当希望恢复到前一步或原来的图像效果时，可以使用恢复操作命令。

2.6.1　还原命令

打开一张图像并对其进行编辑，如图2-126所示。选择"编辑 > 还原"命令或按Ctrl+Z组合键，可以恢复到图像的上一步操作，如图2-127所示。再按Shift+Ctrl+Z组合键，可以将图像还原到恢复前的效果，如图2-128所示。

图2-126

图2-127

图2-128

连续选择"编辑 > 还原"命令或者连续按Ctrl+Z组合键，可以逐步撤销操作，如图2-129所示。连续选择"编辑 > 重做"命令或连续按Shift+Ctrl+Z组合键，可以逐步恢复被撤销的操作，如图2-130所示。保存文件后，选择"文件 > 恢复"命令，可以直接将文件恢复到最后一次保存时的状态，如图2-131所示。若没有保存过，则"文件 > 恢复"命令不可用。

图2-129

图2-130

图2-131

2.6.2　"历史记录"面板

"历史记录"面板可以将进行过多次处理操作的图像恢复到任一步操作时的状态，即所谓的"多次恢复功能"。

选择"窗口 > 历史记录"命令，弹出"历史记录"面板，如图2-132所示。

图2-132

该面板下方的按钮从左至右依次为"从当前状态创建新文档"按钮 、"创建新快照"按钮 和"删除当前状态"按钮 。

单击该面板右上方的 按钮，弹出下拉菜单，如图2-133所示。

图2-133

前进一步：用于将操作记录向下移动一步。

后退一步：用于将操作记录向上移动一步。

新建快照：用于根据当前滑块所指的操作记录建立新的快照。

删除：用于删除当前滑块所指的操作记录。

清除历史记录：用于清除该面板中除最后一条记录外的所有记录。

新建文档：用于由当前状态或者快照建立新的文件。

历史记录选项：用于设置"历史记录"面板。

关闭和关闭选项卡组：用于关闭"历史记录"面板和该面板所在的选项卡组。

选择"编辑 > 首选项 > 性能"命令，弹出相应的对话框，如图2-134所示。在"历史记录状态"选项中设置需要的数值，单击"确定"按钮，可以设置恢复的步骤数。

图2-134

> 🔍 **提示**
>
> 历史记录可以设置的最大步骤数为1000，最小步骤数为1。步骤数越大，占用的内存越多，处理图像的速度越慢，越影响工作效率。因此，在实际工作中要注意合理设置步骤数。

第 **3** 章

图层的基本应用

本章介绍

在Photoshop中，图层的出现是传统图像处理方式较为重要的一次变革。熟练掌握图层的操作对全面掌握Photoshop的功能有着重要的意义。通过学习本章内容，读者可以掌握图层的基本操作方法，为之后Photoshop的学习打下坚实的基础。

学习目标

◆ 了解图层的概念和原理。

◆ 了解"图层"控制面板。

◆ 掌握图层的基本操作技巧。

3.1 图层基础

3.1.1 认识图层

图层是Photoshop的核心功能之一，如果没有图层，所有的图像都将处于同一个平面上，这在编辑图像时会产生很多问题。单个图层中的对象可以是文字、图形、图像等。各个图层中的对象可以单独处理，而不会影响其他图层中的内容，如图3-1所示。

图3-1

3.1.2 图层原理

图层就如同堆叠在一起的透明纸，每一张纸（图层）上都保存着不同的图像，我们可以透过上面图层的透明区域看到下面图层中的图像，如图3-2所示。通过更改图层的顺序和属性，可以改变图像的合成效果。

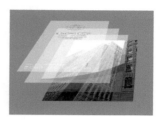

图3-2

3.2 "图层"控制面板及其操作

按F7键，可以隐藏和显示"图层"控制面板。默认状态下，"图层"控制面板位于界面的右下方，主要用于叠放和编辑图层。

3.2.1 "图层"控制面板

"图层"控制面板中包括很多选项和按钮，如图3-3所示，下面依次进行介绍。

图3-3

类型：用于选择需要筛选的图层类型。也可以通过右侧的按钮单独或组合筛选需要的图层类型。

正常：可根据需要选择混合模式。

不透明度：可设置图层的总体不透明度。

锁定：可以通过右侧的按钮单独或组合锁定图层的透明、图像、位置和全部。

填充：用于设置图层的填充不透明度。

"链接图层"按钮：使所选图层和当前图层成为一组。当对一个链接图层进行操作时，将影响一组链接图层。

"添加图层样式"按钮：可以为当前图层添加图层样式效果。

"添加图层蒙版"按钮：将在当前图层上创建一个蒙版。

"创建新的填充或调整图层"按钮：可对图层进行颜色填充和效果调整。

"创建新组"按钮：用于新建一个文件夹，可在其中放入图层。

"创建新图层"按钮：用于在当前图层的上方创建一个新图层。

"删除图层"按钮：可以将不需要的图层拖曳到此处进行删除。

3.2.2 图层下拉菜单

单击"图层"控制面板右上方的 ≡ 按钮，弹出下拉菜单，如图3-4所示，利用菜单中的命令可对图层进行创建、编辑和管理等操作。

图3-4

3.2.3 图层缩览图显示方式

在"图层"控制面板的空白处单击鼠标右键，弹出快捷菜单，如图3-5所示，通过菜单命令可以调整图层的缩览图显示方式。在图层下拉菜单中选择"面板选项"命令，弹出"图层面板选项"对话框，如图3-6所示，也可以设置图层的缩览图显示方式。

图3-5

图3-6

3.3 图层操作

3.3.1 图层的类型

在Photoshop中可以创建不同类型的图层，如图3-7所示。下面从下到上依次对它们进行介绍。

背景图层：新建文档时创建的图层，始终位于图层的最下方，为锁定状态。

填充图层：填充了纯色、渐变或图案的特殊图层。

调整图层：可以重复编辑的调整图像的图层。

链接图层：链接在一起的多个图层。

当前图层：当前选取的图层。

图层样式：添加了图层样式的图层。

蒙版图层：添加了图层蒙版的图层。

剪贴蒙版：用一个图层对象形状来控制其他图层的显示区域。

图层组：用来组织和管理图层的图层组合。

文字图层：使用文字工具输入文字时创建的图层。

变形文字图层：使用变形处理后的文字图层。

图3-7

3.3.2 创建图层

1. 使用"图层"控制面板下拉菜单

打开一张图像，显示"图层"控制面板。单击"图层"控制面板右上方的 ≡ 按钮，弹出下拉菜单，选择"新建图层"命令，如图3-8所示，弹出"新建图层"对话框，如图3-9所示。

图3-8　　　　　　　　图3-9

在该对话框中分别设置图层的名称、颜色、模式和不透明度，如图3-10所示，单击"确定"按钮，新建图层，如图3-11所示。

图3-10　　　　　　　　图3-11

单击"图层"控制面板下方的"创建新图层"按钮 🔲，可以创建一个新的图层。按住Alt键的同时，单击"创建新图层"按钮 🔲，弹出"新建图层"对话框，单击"确定"按钮，也可以新建图层。

2. 使用"图层"菜单命令或快捷键

打开图像，在适当的位置绘制选区，如图3-12所示，其"图层"控制面板如图3-13所示。

图3-12　　　　　　　　图3-13

若选择"图层 > 新建 > 通过拷贝的图层"命令，或按Ctrl+J组合键，可以将选区中的图像复制到新的图层中，如图3-14所示。移动图像后，原图像内容保持不变，如图3-15所示。

图3-14　　　　　　　　图3-15

若选择"图层 > 新建 > 通过剪切的图层"命令，或按Shift+Ctrl+J组合键，可以将选区中的图像剪切到新的图层中，如图3-16所示。移开图像后，原图像的位置由背景色填充，如图3-17所示。

图3-16　　　　　　　　图3-17

3. 创建背景图层

在"图层"控制面板中双击"背景"图层，如图3-18所示，弹出"新建图层"对话框，如图3-19所示，单击"确定"按钮，将其转换为普通图层，如图3-20所示。

图3-18

图3-19　　　　　　　　图3-20

选取需要的图层，如图3-21所示，选择"图层 > 新建 > 图层背景"命令，将所选图层转换为"背景"图层，如图3-22所示。

图3-21　　　　　　　　图3-22

3.3.3　修改图层名称和颜色

选取需要的图层，如图3-23所示。双击图层名称使其处于可编辑状态，如图3-24所示，将其命名为"底图"，如图3-25所示。

图3-23　　　　　图3-24　　　　　图3-25

在图层上单击鼠标右键，在弹出的菜单中选择需要的颜色选项，如图3-26所示，释放鼠标，完成图层颜色的修改，如图3-27所示。

图3-26　　　　　　　　图3-27

3.3.4　复制图层

1. 使用"图层"控制面板下拉菜单

选取要复制的图层，如图3-28所示。单击"图层"控制面板右上方的 ≡ 按钮，在弹出的菜单中选择"复制图层"命令，弹出"复制图层"对话框，如图3-29所示。

图3-28　　　　　　　　图3-29

在该对话框中设置复制图层的名称，如图3-30所示，单击"确定"按钮，在原文件中复制图层，如图3-31所示。

图3-30　　　　　　　　图3-31

若设置"文档"选项为其他文档，如图3-32所示，单击"确定"按钮，可以在选取的文档中生成复制的图层，如图3-33所示。

图3-32　　　　　　　　图3-33

若设置"文档"选项为"新建"，并设置了名称，如图3-34所示，单击"确定"按钮，可新建一个文档并生成复制的图层，如图3-35所示。

图3-34

图3-35

2. 使用"图层"控制面板按钮

将要复制的图层拖曳到"图层"控制面板下方的"创建新图层"按钮 ◻ 上，如图3-36所示，可以将所选图层复制为一个新图层，如图3-37所示。

图3-36　　　　　图3-37

3. 使用菜单命令

选择"图层 > 复制图层"命令，弹出"复制图层"对话框，在对话框中设置相应的选项，如图3-38所示，单击"确定"按钮，可以复制一个图层，如图3-39所示。

图3-38　　　　　图3-39

4. 使用拖曳鼠标的方法复制不同图像之间的图层

将需要复制的图像中的图层直接拖曳到目标图像中，如图3-40所示，释放鼠标也可以完成图层的复制，如图3-41所示。

图3-40　　　　　图3-41

3.3.5　删除图层

在"图层"控制面板中选取要删除的图层，如图3-42所示。单击"图层"控制面板右上方的 ≡ 按钮，在弹出的菜单中选择"删除图层"命令，弹出提示对话框，如图3-43所示，单击"是"按钮，可删除选取的图层，如图3-44所示。

图3-42

图3-43　　　　　图3-44

单击"图层"控制面板下方的"删除图层"按钮 🗑，或将需要删除的图层直接拖曳到"删除图层"按钮 🗑 上，弹出提示对话框，单击"是"按钮，可以删除选取的图层。选择"图层 > 删除 > 图层"命令，也可以删除图层。

3.3.6 显示和隐藏图层

打开一个图像，"图层"控制面板如图3-45所示。在"图层"控制面板中，单击图层左侧的眼睛图标 ⊙ ，可以隐藏该图层，如图3-46所示。单击隐藏图层左侧的空白图标 □ ，可以显示该图层，如图3-47所示。

图3-45　　　　　图3-46　　　　　图3-47

按住Alt键的同时，在"图层"控制面板中单击图层左侧的眼睛图标 ⊙ ，将只显示这个图层，隐藏其他图层，如图3-48所示。再次按住Alt键的同时，单击图层左侧的眼睛图标 ⊙ ，将显示所有图层，如图3-49所示。

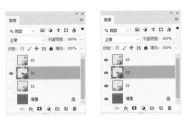

图3-48　　　　　图3-49

将需要隐藏的图层同时选取。选择"图层 > 隐藏图层"命令，可以隐藏选取的图层。选择"图层 > 显示图层"命令，可以显示选取的图层。

3.3.7 选择和链接图层

1. 选择图层

单击选择"01"图层，如图3-50所示。按住Ctrl键的同时，单击"03"图层，可以选取"01"和"03"两个不相连的图层，如图3-51所示。若多次单击可选取多个不相连的图层。

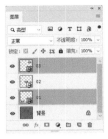

图3-50　　　　　　　　　图3-51

单击选择"01"图层，如图3-52所示。按住Shift键的同时，单击"03"图层，可以选取"01"和"03"图层之间的所有图层，如图3-53所示。

图3-52　　　　　　　　　图3-53

选择移动工具 ⊹ ，在图像窗口中需要的图像上单击鼠标右键，在弹出的菜单中选择需要的选项，如图3-54所示，可以选择相应的图层，如图3-55所示。

图3-54　　　　　　　　　图3-55

在属性栏中勾选"自动选择"复选框，在图像窗口中单击需要的图像，如图3-56所示，可以选取图像所在的图层，如图3-57所示。

图3-56　　　　　　　图3-57

2. 链接图层

当要同时对多个图层中的图像进行移动、变换或创建剪贴蒙版操作时，可以将多个图层进行链接，方便操作。

选中要链接的图层，如图3-58所示。单击"图层"控制面板下方的"链接图层"按钮 ∞，将选中的图层链接，如图3-59所示。再次单击"链接图层"按钮 ∞，可以取消链接。

图3-58

图3-59

3.3.8 对齐和分布图层

打开图像，如图3-60所示。按住Shift键的同时，单击"01"和"03"图层，将两个图层之间的所有图层同时选取，如图3-61所示。

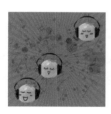 

图3-60　　　　　　　图3-61

选择"图层 > 对齐"命令，弹出子菜单，如图3-62所示。可以对选定的图层图像进行相应的对齐操作，如图3-63所示。

图3-62

顶边对齐　　　垂直居中对齐　　　底边对齐

左边对齐　　　水平居中对齐　　　右边对齐

图3-63

选择"图层 > 分布"命令，弹出子菜单，如图3-64所示。可以对选定图层的图像进行相应的分布操作，如图3-65所示。

图3-64

顶边分布　　　垂直居中分布

底边分布　　　左边分布　　　水平居中分布

右边分布　　　水平分布　　　垂直分布

图3-65

选择矩形选框工具□，在适当的位置绘制矩形选区，如图3-66所示。选取需要的图层，如图3-67所示。选择"图层 > 将图层与选区对齐 > 顶边"命令，可以基于选区对齐所选图层的对象，如图3-68所示。用相同的方法可以进行其他对齐操作。

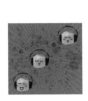 

图3-66　　　　图3-67　　　　图3-68

🔍 提示

若当前选择的是移动工具◆，可以单击属性栏中的 ▬ ▬ ▬ ▬ 按钮来进行对齐和分布图层操作。

3.3.9　排列图层

打开图像，如图3-69所示，"图层"控制面板如图3-70所示。选中"树2"图层，如图3-71所示。

图3-69　　　　图3-70　　　　图3-71

选择"图层 > 排列"命令，弹出子菜单，如图3-72所示。可以对选中的图层进行相应的排列，如图3-73所示。

图3-72

置为顶层　　　　　　　　前移一层

后移一层　　　　　　　　置为底层

图3-73

将"树2"图层拖曳到"树3"图层的下方，如图3-74所示，释放鼠标完成图层的调整，如图3-75所示，图像效果如图3-76所示。

图3-74　　　　图3-75　　　　图3-76

将需要的图层同时选取，如图3-77所示。选择"图层 > 排列 > 反向"命令，可以将选取的图层反向排列，如图3-78所示，图像效果如图3-79所示。

图3-77　　　　图3-78　　　　图3-79

3.3.10　合并图层

打开一张图像，"图层"控制面板如图3-80所示。按住Ctrl键的同时，将需要的图层同时选取，如图3-81所示。单击"图层"控制面板右上方的≡按钮，在弹出的菜单中选择"合并图层"命令，或按Ctrl+E组合键，可以合并图层，如图3-82所示。

图3-80　　　　　图3-81　　　　　图3-82

单击"图层"控制面板右上方的≡按钮，在弹出的菜单中选择"合并可见图层"命令，或按Shift+Ctrl+E组合键，可以合并所有可见图层，如图3-83所示。

单击"图层"控制面板右上方的≡按钮，在弹出的菜单中选择"拼合图像"命令，可以合并所有的图层，如图3-84所示。

图3-83　　　　　　　图3-84

3.3.11　图层组

当编辑多层图像时，为了方便操作，可以将多个图层创建在一个图层组中。

1.　使用下拉菜单创建图层组

打开图像，"图层"控制面板如图3-85所

示。单击"图层"控制面板右上方的≡按钮，在弹出的菜单中选择"新建组"命令，弹出"新建组"对话框，如图3-86所示，单击"确定"按钮，新建一个图层组，如图3-87所示。

图3-85

图3-86　　　　　　图3-87

2.　拖曳对象到图层组

选中要放置到组中的多个图层，如图3-88所示，向图层组中拖曳，如图3-89所示，释放鼠标，选中的图层就会被放置在图层组中，如图3-90所示。

图3-88　　　　　图3-89　　　　　图3-90

3.　隐藏图层组内容

单击"组1"左侧的倒三角图标⌄，如图3-91所示，可将"组1"图层组中的所有图层隐藏，如图3-92所示。

图3-91　　　　　　图3-92

4．使用面板按钮和命令创建图层组

单击"图层"控制面板下方的"创建新组"按钮 ，可以新建图层组，如图3-93所示。选择"图层 > 新建 > 组"命令，弹出"新建组"对话框，在对话框中设置相应的选项，如图3-94所示，单击"确定"按钮，也可以新建图层组，如图3-95所示。

图3-93

图3-94　　　　　　图3-95

选中要放置在图层组中的所有图层，如图3-96所示，按Ctrl+G组合键，可以自动生成新的图层组，如图3-97所示。

图3-96　　　　　　图3-97

5．取消图层编组

选择"图层 > 取消图层编组"命令，或按Shift+Ctrl+G组合键，可以取消图层编组，如图3-98所示。

图3-98

3.3.12　智能对象

智能对象是一个嵌入当前文档中的图像或矢量图形，它能够保留对象的源文件和所有的原始特征。因此，在Photoshop中进行处理时，不会影响到原始对象。

1．转换为智能对象

打开图像，如图3-99所示，"图层"控制面板如图3-100所示。选取"拖鞋"图层，选择"图层 > 智能对象 > 转换为智能对象"命令，将普通图层转换为智能对象，如图3-101所示。

图3-99

图3-100　　　　　　图3-101

选择移动工具 ⊕，按住Alt键的同时，将拖鞋分别拖曳到适当的位置，并调整其大小，效果如图3-102所示，此时的"图层"控制面板如图3-103所示。

图3-102　　　　　　　图3-103

2. 替换智能对象

选择"图层 > 智能对象 > 替换内容"命令，弹出"替换文件"对话框，选取需要的文件，如图3-104所示，单击"置入"按钮，置入替换内容，如图3-105所示。

图3-104

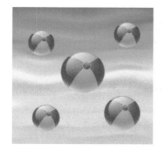

图3-105

提示

替换智能对象时，将保留对前一个智能对象应用的变形、缩放、旋转等效果。

3. 编辑智能对象

双击智能对象的缩览图，如图3-106所示，在新窗口中打开智能对象的源文件，如图3-107所示。

图3-106　　　　　　　图3-107

单击"图层"控制面板下方的"创建新的填充或调整图层"按钮 ◐，在弹出的菜单中选择"色相/饱和度"命令，在"图层"控制面板中生成调整图层，如图3-108所示，同时弹出"色相/饱和度"面板，设置如图3-109所示，按Enter键确认操作，调整图像的效果如图3-110所示。

图3-108　　　　　　　图3-109

图3-110

关闭文件，弹出提示对话框，如图3-111所示，单击"是"按钮，文件中的智能对象会自动更新，如图3-112所示。

图3-111　　　　　图3-112

4. 创建智能对象

打开素材文件夹，将"07"文件直接拖曳到图像窗口中，如图3-113所示。弹出"打开为智能对象"对话框，如图3-114所示，单击"确定"按钮，导入图形，如图3-115所示。按Enter键确认操作，如图3-116所示，导入的图形直接被创建为智能对象，如图3-117所示。

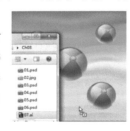

图3-113

图3-114

图3-115　　　　图3-116　　　　图3-117

5. 栅格化智能对象

在智能对象图层上单击鼠标右键，在弹出的菜单中选择"栅格化图层"命令，如图3-118所示，可以将智能对象图层转换为普通图层，如图3-119所示。

图3-118　　　　　图3-119

3.3.13　图层复合

图层复合可以将同一文件中的不同图层效果组合并另存为多个"图层效果组合"。利用图层复合，可以更加方便快捷地比较不同图层组合设计的视觉效果。

1. 打开"图层复合"控制面板

打开图像，如图3-120所示，"图层"控制面板如图3-121所示。选择"窗口 > 图层复合"命令，弹出"图层复合"控制面板，如图3-122所示。

图3-120

图3-121 图3-122

2. 创建图层复合

单击"图层复合"控制面板右上方的 ≡ 按钮，在弹出的菜单中选择"新建图层复合"命令，弹出"新建图层复合"对话框，如图3-123所示，单击"确定"按钮，建立"图层复合1"，如图3-124所示。所建立的"图层复合1"中存储的是当前制作的效果。

图3-123 图3-124

再对图像进行修饰和编辑，如图3-125所示，"图层"控制面板如图3-126所示。在"图层复合"控制面板的下拉菜单中，选择"新建图层复合"命令，建立"图层复合2"，如图3-127所示，所建立的"图层复合2"中存储的是修饰与编辑后制作的效果。

图3-125

图3-126 图3-127

3. 查看图层复合

在"图层复合"控制面板中，单击"图层复合1"左侧的方框，显示 ▣ 图标，如图3-128所示，可以观察"图层复合1"中的图像，如图3-129所示。单击"图层复合2"左侧的方框，显示 ▣ 图标，如图3-130所示，可以观察"图层复合2"中的图像，如图3-131所示。

图3-128 图3-129

图3-130 图3-131

单击"应用选中的上一图层复合"按钮 ◀ 和"应用选中的下一图层复合"按钮 ▶，可以快速地对两次的图像编辑效果进行比较。

第 **4** 章

图像的基础处理

本章介绍

　　了解图像的基础知识是处理图像之前较为重要的一环，只有掌握了图像的基础知识，才能更快、更准确地处理图像。本章将介绍数字图像的基础知识和基本编辑方法，通过对本章的学习，读者能够提高处理图像的效率。

学习目标

◆ 认识数字图像。

◆ 掌握数字图像的编辑技巧。

4.1 认识数字图像

4.1.1 传统图像与数字图像

图像分为传统图像与数字图像两种。书本上印刷的图、墙壁上挂的画、相册里的照片都属于传统图像，如图4-1所示，而计算机里的图片、手机里的图片、数码相机里拍的照片都属于数字图像，如图4-2所示。

图4-1

图4-2

图4-2（续）

传统图像是印刷或绘制在纸张、墙壁等物品上的图像。数字图像是由数字编码组成的图像。它们之间是可以相互转化的，用打印机把数字图像打印出来，能得到传统图像；用扫描仪把传统图像扫描出来，能得到数字图像。

4.1.2 获取数字图像

1. 从网站获取

数字图像可以从设计网站、摄影网站等网站搜索获取。

以站酷网站为例，在设计网站中输入相关信息获取数字图像的方法，如图4-3所示。

图4-3

图4-3（续）

（2）按钮的色彩很重要

按钮作为用户交互操作的核心。在页面中使用色彩进行突出，网页中的按钮色彩后语是明亮而吸引人的，通常喜欢采用明亮的黄色、绿色和蓝色进行按钮突出，显突出按钮的颜色，用与背景色相对的颜色也是不错的选择，同时按钮的颜色还需要注意品牌色，选择一个与页面品牌配套方案相匹配的，不仅要识别度高，而且与品牌很契合。

以中国风景摄影网站为例，在专业摄影网站中输入相关信息获取数字图像的方法，如图4-4所示。

图4-4

以获取大海风景照片为例，在搜索引擎类网站输入相关信息获取数字图像的方法，如图4-5所示。

图4-5

2. 拍摄获取

拍摄获取可以分为用数码相机拍摄获取和用手机拍摄获取。

用数码相机可以拍摄人物、风景等获得数字图像，如图4-6所示。

图4-6

用手机可以拍摄人物、风景等获得数字图像，如图4-7所示。

图4-7

3. 扫描获取

扫描获取可以分为家用扫描仪获取和专业、高精度的滚筒扫描仪获取。用不同精度的扫描仪可以把书籍和杂志等相关文件中的传统图像扫描成数字图像。

用家用扫描仪获取数字图像，可以满足日常办公的需要，如图4-8所示。

图4-8

用专业、高精度的滚筒扫描仪获取数字图像，可以满足设计人员的设计需求，如图4-9所示。

图4-9

4. 生成获取

生成获取可以分为图形图像处理软件的绘制生成和三维动画制作软件的生成。

使用图形图像处理软件中的Photoshop、Painter等直接绘制喜欢的数字图像插画，如图4-10所示。

图4-10

使用三维动画制作软件如3ds Max和Maya通过建模、材质和渲染制作出的三维图像效果，如图4-11所示。

图4-11

4.1.3 数字图像类型

总的来说，数字图像有两种类型：位图和矢量图。

位图是由一个个像素构成的数字图像。在Photoshop中打开位图，使用缩放工具把图像放大，可清晰地看到像素的小方块，如图4-12所示。

图4-12

矢量图是由计算机软件生成的点、线、面、体等矢量图形构成的数字图像。在Illustrator中打开矢量图，放大后和原来一样清晰，如图4-13所示。

图4-13

1. 各自的优势

矢量图最大的优点是不失真。对其进行任意缩放，得到的结果仍然清晰。而位图被放大到一定程度后会变得模糊不清。

位图是由像素组成的，非常适合用在数码相机上记录场景，虽然使用矢量图也可以，但非常耗时。

2. 相互转换

利用Illustrator软件不仅可以将矢量图导出成位图，也可以将位图转换为矢量图。

在Illustrator软件中打开一张矢量图，利用导出命令，将图片导出为JPG格式，弹出提示框，设置好后单击"确定"按钮，可以将矢量图导出成位图，如图4-14所示。

图4-14

在Illustrator软件中新建一个文件，导入一张位图。嵌入图片并放大后，可以看到像素，单击"图像描摹"按钮，描摹完成后，放大图像，可以看到位图已经被转化为矢量图，如图4-15所示。

图4-15

4.1.4 图像文件格式

当用Photoshop制作或处理好一幅图像后，就要进行存储。这时，选择一种合适的文件格式就显得十分重要。在Photoshop中进行存储时，有20多种文件格式可供选择。在这些文件格式中，既有Photoshop的专用格式，也有用于应用程序交换的文件格式，还有一些比较特殊的格式。下面将介绍几种常用的文件格式。

1. PSD格式和PDD格式

PSD格式和PDD格式是Photoshop自身的专用文件格式，能够保存图像数据的细小部分，如图层、蒙版、通道等Photoshop对图像进行特殊处理的信息。在没有最终决定图像存储的格式前，最好先以这两种格式存储。另外，Photoshop打开和存储这两种格式的文件比其他格式更快。但是这两种格式也有缺点，就是它们所存储的图像文件容量大，占用的磁盘空间较多。

2. TIFF格式

TIFF格式是标签图像格式。它可以用于Windows、Mac OS及UNIX工作站三大平台，是这三大平台上使用很广泛的绘图格式。使用TIFF格式存储时应考虑文件的大小，因为TIFF格式的结构要比其他格式更复杂。但TIFF格式支持24个通道，能存储多于4个通道的文件。TIFF格式还允许使用Photoshop中的复杂工具和滤镜特效。TIFF格式非常适合印刷和输出。

3. JPEG格式

JPEG格式既是Photoshop支持的一种文件格式，也是一种压缩方案。与TIFF文件格式采用的无损压缩相比，JPEG格式的压缩比例更大，但它使用的有损压缩会丢失部分数据。用户可以在存储前选择图像的最好质量，以控制数据的损失程度。

4. 选择合适的图像文件存储格式

用户可以根据工作任务的需要选择合适的图像文件存储格式。

用于印刷：TIFF、EPS。

用于出版物：PDF。

用于Internet图像：GIF、JPEG、PNG。

用于Photoshop CC工作：PSD、PDD、TIFF。

4.2 编辑、查看和筛选数字图像

4.2.1 图像大小

使用"图像大小"命令可以调整图像的像素尺寸、打印尺寸和分辨率，其结果会影响图像在屏幕上的显示大小、质量、打印特性及存储空间。

1. 打开对话框

打开一张图像，如图4-16所示，选择"图像 > 图像大小"命令，弹出"图像大小"对话框，如图4-17所示。

图4-16

图4-17

2. 按比例调整像素总数

将"宽度"选项设为10，"高度"选项按比例变小，分辨率不变，图像大小变小，如图4-18所示，整个图像画质不变。将"宽度"选项设为30，"高度"选项按比例变大，分辨率不变，图像大小变大，如图4-19所示，整个图像画质下降。

图4-18

图4-19

将"分辨率"选项设为50，"宽度"和"高度"选项保持不变，图像大小变小，如图4-20所示，整个图像画质下降。将"分辨率"选项设为200，"宽度"和"高度"选项保持不变，图像大小变大，如图4-21所示，整个图像画质不变。

图4-20

图4-23

4.2.2 画布大小

图像画布尺寸的大小是指当前图像周围空间的大小。

1. 打开对话框

打开一张图像，如图4-24所示。选择"图像 > 画布大小"命令，弹出"画布大小"对话框，如图4-25所示。

图4-21

3. 不改变图像中的像素总数

取消勾选"重新采样"复选框时，将"宽度"选项设为10，"高度"选项按比例变小，分辨率变大，图像大小保持不变，如图4-22所示，整个图像画质不变。将"宽度"选项设为30，"高度"选项按比例变大，分辨率变小，图像大小保持不变，如图4-23所示，整个图像画质不变。

将"分辨率"选项变小或变大时，"宽度"和"高度"选项随之变大或变小，图像大小保持不变，整个图像画质不变。

图4-24

图4-25

2. 调整画布的位置

若将"定位"选项调整到靠左中间的位置，将"宽度"选项设为600，"高度"选项设为433，如图4-26所示，单击"确定"按钮，效果如图4-27所示。

图4-26

图4-22

图4-27

若将"定位"选项调整到中间的位置，将"宽度"选项设为600，"高度"选项设为433，如图4-28所示，单击"确定"按钮，效果如图4-29所示。

图4-28　　　　　　　　图4-29

若将"定位"选项调整到靠右中间的位置，将"宽度"选项设为600，"高度"选项设为433，如图4-30所示，单击"确定"按钮，效果如图4-31所示。

图4-30　　　　　　　　图4-31

3. 改变画面的颜色

若将"定位"选项调整到下方中间的位置，将"宽度"选项设为600，"高度"选项设为433，如图4-32所示，再将"画布扩展颜色"选项设为黄色，单击"确定"按钮，效果如图4-33所示。

图4-32　　　　　　　　图4-33

4.2.3 查看图像

1. 用"导航器"面板查看图像

打开一张图像，将其放大到300%，如图4-34所示。选择"窗口 > 导航器"命令，弹出"导航器"面板，中心的红色矩形框为代理预览区域，如图4-35所示。将鼠标指针置于代理预览区域内，如图4-36所示，拖曳鼠标，可移动图像窗口中的图像区域，如图4-37所示。

图4-34　　　　　　　　图4-35

图4-36　　　　　　　　图4-37

在面板左下角的缩放文本框中设置数值为150%，如图4-38所示，可放大图像，如图4-39所示。向左拖曳下方的缩放滑块，如图4-40所示，可放大图像，如图4-41所示。

图4-38

图4-39

图4-40

图4-41

2. 多窗口查看图像

同时打开多个图像，按Tab键，关闭操作界面中的工具箱和控制面板，如图4-42所示。

选择"窗口 > 排列 > 三联水平"命令，窗口的排列效果如图4-43所示。

选择"窗口 > 排列 > 三联堆积"命令，窗口的排列效果如图4-44所示。选择"窗口 > 排列 > 使所有内容在窗口中浮动"命令，窗口的排列效果如图4-45所示。

图4-42

图4-43

图4-44

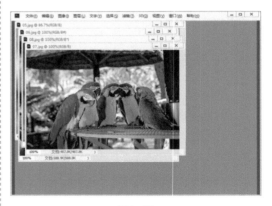

图4-45

选择"窗口 > 排列 > 平铺"命令，窗口的排列效果如图4-46所示。

图4-46

3. 多窗口匹配图像

"匹配缩放"命令可以将所有窗口都匹配到与当前窗口相同的缩放比例。将"05"素材图片放大到150%显示，如图4-47所示，选择"窗口 > 排列 > 匹配缩放"命令，所有图像窗口都以150%显示，如图4-48所示。

图4-47

图4-48

"匹配位置"命令可以将所有窗口都匹配到与当前窗口相同的显示位置。调整"05"素材图片的位置，如图4-49所示，选择"窗口 > 排列 > 匹配位置"命令，所有图像窗口都显示相同的位置，如图4-50所示。

图4-49

图4-50

"匹配旋转"命令可以将所有窗口的视图旋转角度都匹配到与当前窗口相同。在工具箱中选择旋转视图工具 ，将"05"素材图片的视图旋转，如图4-51所示。选择"窗口 > 排列 > 匹配旋转"命令，所有图像窗口都以相同的角度旋转，如图4-52所示。

"全部匹配"命令可以将所有窗口的缩放比例、图像显示位置、画布旋转角度与当前窗口进行匹配。

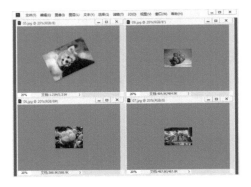

图4-51

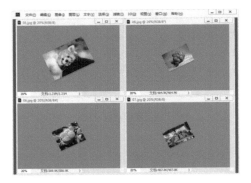

图4-52

4.2.4　筛选数字图像

1. 清晰度选择

打开一张图片，如图4-53所示。选择缩放工具
，单击属性栏中的 100% 按钮，按实际像素显示
图片。选择抓手工具 ，移动并观察图片，检查图
片是否清晰适用，如图4-54所示。

图4-53

图4-54

2. 分辨率选择

分辨率决定图片可以用于网页还是画册印
刷。适用于网页的图片，其分辨率通常为72像素
/英寸。适用于画册印刷的图片，其分辨率通常为
300像素/英寸。

3. 图像大小选择

打开一张杂志
封面图，如图4-55
所示。选择"图像 >
图像大小"命令，
弹出"图像大小"
对话框，显示杂志
封面图的宽度为21
厘米，高度为28.5厘
米，分辨率为300像
素/英寸，如图4-56所示。

图4-55

图4-56

打开一张要挑选的杂志封面图，如图4-57所示。选择"图像 > 图像大小"命令，弹出"图像大小"对话框，显示其分辨率为72像素/英寸，如图4-58所示。

图4-57

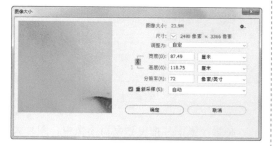

图4-58

不勾选"重新采样"复选框，将图片的"分辨率"选项更改为300像素/英寸，此时图片的高度和宽度变小，如图4-59所示，与杂志封面大小近似，初步判定图片大小合格，如图4-60所示。

图4-59

图4-60

打开另一张要挑选的杂志封面图，如图4-61所示。选择"图像 > 图像大小"命令，弹出"图像大小"对话框，显示其分辨率为300像素/英寸，如图4-62所示。该分辨率符合印刷的要求，但宽度和高度值较小，初步判定这张照片不符合杂志的印刷要求。

图4-61

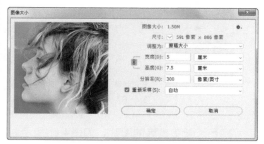

图4-62

将第一张图片拖曳到杂志封面中，调整好位置后，图片显示清晰且大小合适，如图4-63所示。将第二张图片拖曳到杂志封面中，图片显示较小，不太适合杂志封面，如图4-64所示。按Ctrl+T组合键，放大图片，显示的图片质量较差，不符合印刷要求，如图4-65所示。

图4-63

图4-64

图4-65

打开一张网页图片，如图4-66所示。选择"图像 > 图像大小"命令，弹出"图像大小"对话框，显示网页图片的宽度为1400像素，高度为971像素，如图4-67所示，符合网页设计的要求。

图4-66

图4-67

打开一张要挑选的图片，如图4-68所示。选择"图像 > 图像大小"命令，弹出"图像大小"对话框，显示图片的宽度为1400像素，如图4-69所示，初步判定这张图片符合网页设计的要求。

图4-68

图4-69

打开另一张要挑选的图片，如图4-70所示。选择"图像 > 图像大小"命令，弹出"图像大小"对话框，显示图片的宽度为500像素，

如图4-71所示，初步判定这张图片不符合网页设计的要求。

图4-70

图4-71

将第一张图片拖曳到网页图像中，图片大小基本合适，如图4-72所示，符合网页要求。将第二张图片拖曳到网页图像中，图片太小，如图4-73所示，放大图片会导致图片不清晰，不符合网页设计的要求。

图4-72

图4-73

第 **5** 章

抠图

本章介绍

　　抠图是图像处理中必不可少的步骤，是对图像进行后续处理的准备工作。本章将介绍抠图的基础概念，并通过抠图实战讲解抠取图像的方法。通过对本章的学习，读者可以学会如何更有效地抠取图像，达到事半功倍的效果。

学习目标

◆ 了解抠图和选区的概念。

◆ 掌握不同的抠图方法。

◆ 掌握常用的抠图技巧。

技能目标

◆ 掌握普通物品的抠图方法。

◆ 掌握剪影的抠图方法。

◆ 掌握头发的抠图方法。

◆ 掌握玻璃器具的抠图方法。

◆ 掌握烟雾的抠图方法。

◆ 掌握婚纱的抠图方法。

◆ 掌握时尚杂志栏目的制作方法。

5.1 　抠图基础

5.1.1 　抠图的概念

抠图有抠出、分离之意。在Photoshop中，抠图是指借助抠图工具、抠图命令等将选取的图像中的一部分或多个部分分离出来，如图5-1所示。

原图　　　　用选区选中对象　　将对象从背景
　　　　　　　　　　　　　　　中分离出来

图5-1

5.1.2 　选区的概念

选区是一圈闪烁的边界线，又称为"蚁行线"，是用来定义操作范围的，限定范围之后，可以处理范围内的图像，而不影响其他区域，如图5-2所示。选区内部的图像是被选择的对象，选区外部的图像是被保护的不可编辑的对象。

图5-2

5.2 　抠图实战

5.2.1 　使用选区工具抠出化妆品

【案例学习目标】学习使用不同的选区工具来选择不同外形的化妆品。

【案例知识要点】使用矩形选框工具、椭圆选框工具、多边形套索工具和魔棒工具抠出化妆品，使用变换命令调整图像角度，使用移动工具合成图像，最终效果如图5-3所示。

【效果所在位置】Ch05\效果\使用选区工具抠出化妆品.psd。

图5-3

（1）按Ctrl+O组合键，打开本书学习资源中的"Ch05\素材\使用选区工具抠出化妆品\02"文件，如图5-4所示。选择矩形选框工具 ，在"02"图像窗口中沿着化妆品盒边缘拖曳鼠标绘制选区，如图5-5所示。

图5-4

图5-5

（2）按Ctrl+O组合键，打开本书学习资源中的"Ch05\素材\使用选区工具抠出化妆品\01"文件，如图5-6所示。选择移动工具 ⊕，将"02"图像选区中的化妆品盒拖曳到"01"图像窗口中适当的位置，如图5-7所示。此时，"图层"控制面板中会生成新的图层，将其命名为"化妆品1"。

图5-6

图5-7

（3）按Ctrl+T组合键，图像周围出现变换框，将鼠标指针放在变换框的控制手柄外边，指针变为旋转图标 ↰，拖曳鼠标将图像旋转到适当的角度，按Enter键确认操作，效果如图5-8所示。

图5-8

（4）选择椭圆选框工具 ○，在"02"图像窗口中沿着中间化妆品的边缘拖曳鼠标绘制选区，如图5-9所示。

图5-9

（5）选择移动工具 ⊕，将选区中的图像拖曳到"01"图像窗口中适当的位置，如图5-10所示。此时，"图层"控制面板中会生成新的图层，将其命名为"化妆品2"。

图5-10

（6）选择多边形套索工具 ▷，在"02"图像窗口中沿着左侧化妆品的边缘单击绘制选区，如图5-11所示。

图5-11

（7）选择移动工具 ⊕，将选区中的图像拖曳到"01"图像窗口中适当的位置，如图5-12所示。此时，"图层"控制面板中会生成新的图层，将其命名为"化妆品3"。

图5-12

（8）按Ctrl+O组合键，打开本书学习资源中的"Ch05\素材\使用选区工具抠出化妆品\03"文件。选择魔棒工具 ，在图像窗口中的背景区域单击，图像周围生成选区，如图5-13所示。按Shift+Ctrl+I组合键，反选选区，如图5-14所示。

图5-13　　　图5-14

（9）选择移动工具 ，将选区中的图像拖曳到"01"图像窗口中适当的位置，如图5-15所示。此时，"图层"控制面板中会生成新的图层，将其命名为"化妆品4"。

图5-15

（10）按Ctrl + O组合键，打开本书学习资源中的"Ch05\素材\使用选区工具抠出化妆品\04、05"文件。选择移动工具 ，将这两个图像分别拖曳到"01"图像窗口中适当的位置，效果如图5-16所示。在"图层"控制面板中分别生成新的

图层，将其命名为"云1"和"云2"。

图5-16

（11）选中"云1"图层，如图5-17所示，将其拖曳到"化妆品1"图层的下方，调整图层顺序，如图5-18所示，图像窗口中的效果如图5-19所示。使用选区工具抠出化妆品操作完成。

图5-17　　　　　图5-18

图5-19

5.2.2　使用钢笔工具抠出皮包

【案例学习目标】学习使用钢笔工具和添加锚点工具抠出皮包。

【案例知识要点】使用钢笔工具和添加锚点工具绘制路径，应用选区和路径的转换命令进行转换，使用移动工具添加宣传文字，最终效果如图5-20所示。

【效果所在位置】Ch05\效果\使用钢笔工具抠出皮包.psd。

图5-20

（1）按Ctrl+O组合键，打开本书学习资源中的"Ch05\素材\使用钢笔工具抠出皮包\01、02"文件，如图5-21和图5-22所示。

图5-21　　　　　　　　图5-22

（2）选择钢笔工具 ，在属性栏的"选择工具模式"选项中选择"路径"，在"02"图像窗口中沿着皮包轮廓绘制路径，如图5-23所示。

图5-23

（3）按住Ctrl键的同时，钢笔工具 转换为直接选择工具 ，如图5-24所示。拖曳路径中的锚点改变路径的弧度，如图5-25所示。

图5-24　　　　　　　　图5-25

（4）将鼠标指针移动到路径上，钢笔工具 转换为添加锚点工具 ，如图5-26所示。在路径上单击添加锚点，如图5-27所示。

（5）按住Ctrl键的同时，钢笔工具 转换为直接选择工具 ，拖曳路径中的锚点改变路径的弧度，如图5-28所示。

图5-26

图5-27　　　　　　　　图5-28

（6）用相同的方法调整路径，效果如图5-29所示。单击属性栏中的"路径操作"按钮 ，在弹出的面板中选择"排除重叠形状"选项，用上述方法分别绘制并调整路径，效果如图5-30所示。按Ctrl+Enter组合键，将路径转换为选区。按Shift+Ctrl+I组合键，反选选区，如图5-31所示。

图5-29　　　　图5-30　　　　图5-31

（7）选择移动工具 ，将选区中的图像拖曳到"01"图像窗口中适当的位置并调整大小，如图5-32所示。此时，"图层"控制面板中会生成新的图层，将其命名为"包"。

图5-32

（8）单击"图层"控制面板下方的"添加图层样式"按钮 ，在弹出的菜单中选择"投影"命令，在弹出的对话框中进行设置，如图5-33所示，单击"确定"按钮，效果如图5-34所示。

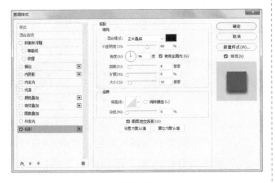

图5-33

图5-34

（9）选择"图像 > 调整 > 色彩平衡"命令，在弹出的对话框中进行设置，如图5-35所示，单击"确定"按钮，效果如图5-36所示。

图5-35　　　　　　图5-36

（10）按Ctrl+O组合键，打开本书学习资源中的"Ch05\素材\使用钢笔工具抠出皮包\03"文件。选择移动工具 ✛，将"03"图像拖曳到"01"图像窗口中适当的位置，如图5-37所示。此时，"图层"控制面板中会生成新的图层，将其命名为"文字"。使用钢笔工具抠出皮包操作完成。

图5-37

5.2.3　使用色彩范围抠出剪影

【案例学习目标】学习使用色彩范围命令抠出剪影。

【案例知识要点】使用图层样式制作图案底图，使用矩形工具和剪贴蒙版制作装饰画，使用色彩范围命令抠出自行车剪影，最终效果如图5-38所示。

【效果所在位置】Ch05\效果\使用色彩范围抠出剪影.psd。

图5-38

（1）按Ctrl+N组合键，弹出"新建文档"对话框，设置宽度为15厘米，高度为15厘米，分辨率为150像素/英寸，颜色模式为RGB，背景内容为白色，单击"创建"按钮，新建一个文件。

（2）双击"背景"图层，在弹出的对话框中进行设置，如图5-39所示。单击"确定"按钮，在"图层"控制面板中将"背景"图层转换为普通图层，如图5-40所示。

图5-39　　　　　　图5-40

（3）单击"图层"控制面板下方的"添加图层样式"$fx.$按钮，在弹出的菜单中选择"图案叠加"命令，弹出对话框，单击"图案"选项右侧的·按钮，弹出图案面板，单击右上方的·按钮，在弹出的菜单中选择"彩色纸"命令，弹出提示对话框，如图5-41所示，单击"追加"按钮。在面板中选择需要的图案，如图5-42所示，其他选项的设置如图5-43所示。单击"确定"按钮，效果如图5-44所示。

图5-41

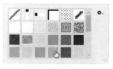

图5-42

图5-43

图5-44

（4）选择"文件 > 置入嵌入对象"命令，弹出"置入嵌入的对象"对话框，选择本书学习资源中的"Ch05\素材\使用色彩范围抠出剪影\01"文件。单击"置入"按钮，将图片置入图像窗口中，并拖曳到适当的位置，按Enter键确认操作，效果如图5-45所示。此时，"图层"控制面板中会生成新的图层，将其命名为"相框"。

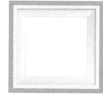

图5-45

（5）单击"图层"控制面板下方的"添加图层样式"按钮 $fx.$，在弹出的菜单中选择"投影"命令，在弹出的对话框中进行设置，如图5-46所示，单击"确定"按钮，效果如图5-47所示。

图5-46

图5-47

（6）选择矩形工具 □，在属性栏的"选择工具模式"选项中选择"形状"，将"填充"颜色设为黑色，"描边"颜色设为无，在图像窗口中绘制一个矩形，效果如图5-48所示。此时，"图层"控制面板中会生成新的形状图层"矩形1"。

图5-48

（7）选择"文件 > 置入嵌入对象"命令，弹出"置入嵌入的对象"对话框，选择本书学习资源中的"Ch05\素材\使用色彩范围抠出剪影\02"文件。单击"置入"按钮，将图片置入图像窗口中，并拖曳到适当的位置，按Enter键确认操作，效果如图5-49所示。此时，"图层"控制面板中会生成新的图层，将其命名为"底图"。按Alt+Ctrl+G组合键，创建剪贴蒙版，效果如图5-50所示。

图5-49　　　　　　图5-50

（8）按Ctrl+O组合键，打开本书学习资源中的"Ch05\素材\使用色彩范围抠出剪影\03"文件，如图5-51所示。选择"选择 > 色彩范围"命令，弹出对话框，在预览窗口中适当的位置单击吸取颜色，其他选项的设置如图5-52所示。单击"确定"按钮，生成选区，效果如图5-53所示。

图5-51

图5-52　　　　　　图5-53

（9）选择移动工具 ⊕，将选区中的图像拖曳到新建的图像窗口中适当的位置并调整大小，效果如图5-54所示。此时，"图层"控制面板中会生成新的图层，将其命名为"自行车剪影"。按Alt+Ctrl+G组合键，创建剪贴蒙版，效果如图5-55所示。使用色彩范围抠出剪影操作完成。

图5-54　　　　　　图5-55

5.2.4　使用选择并遮住命令抠出头发

【案例学习目标】学习使用选择并遮住命令抠出头发。

【案例知识要点】使用钢笔工具绘制人物图像选区，使用选择并遮住命令修饰选区边缘，使用移动工具调整图片位置，最终效果如图5-56所示。

【效果所在位置】Ch05\效果\使用选择并遮住命令抠出头发.psd。

图5-56

（1）按Ctrl+O组合键，打开本书学习资源中的"Ch05\素材\使用选择并遮住命令抠出头发\01"文件，如图5-57所示。

图5-57

（2）选择钢笔工具 ，在属性栏的"选择工具模式"选项中选择"路径"，沿着人物图像轮廓绘制路径，如图5-58所示。按Ctrl+Enter组合键，将路径转换为选区，如图5-59所示。

图5-58

图5-59

（3）选择"选择 > 选择并遮住"命令，弹出属性面板，单击"视图"选项右侧的 按钮，在弹出的面板中选择"叠加"选项，如图5-60所示，图像窗口中显示叠加视图模式，如图5-61所示。选择调整边缘画笔工具 ，在属性栏中将"大小"选项设为120，在人物图像中涂抹头发边缘，将头发与背景分离，效果如图5-62所示。

图5-60

图5-61

图5-62

（4）其他选项的设置如图5-63所示，单击"输出到"选项右侧的 按钮，在弹出的菜单中选择"新建带有图层蒙版的图层"选项，单击"确定"按钮，在"图层"控制面板中生成蒙版图层，如图5-64所示，图像效果如图5-65所示。

图5-63

图5-64

图5-65

（5）按Ctrl + O组合键，打开本书学习资源中的"Ch05\素材\使用选择并遮住命令抠出头发\02"文件。选择移动工具 ，将"02"图像拖曳到"01"图像窗口中适当的位置并调整大小，效果如图5-66所示。此时，"图层"控制面板中会生成新的图层，将其命名为"底图"。

图5-66

（6）将"底图"图层拖曳到"背景 拷贝"图层的下方，如图5-67所示，图像效果如图5-68所示。

图5-67　　　　　　　　图5-68

（7）选择"图像＞调整＞色彩平衡"命令，在弹出的对话框中进行设置，如图5-69所示，单击"确定"按钮，效果如图5-70所示。使用选择并遮住命令抠出头发操作完成。

图5-69　　　　　　　　图5-70

5.2.5　使用通道面板抠出玻璃器具

【案例学习目标】学习使用通道面板抠出玻璃器具。

【案例知识要点】使用钢笔工具、画笔工具、图层面板和通道面板抠出玻璃器具，使用移动工具添加背景和文字，最终效果如图5-71所示。

【效果所在位置】Ch05\效果\使用通道面板抠出玻璃器具.psd。

图5-71

（1）按Ctrl+O组合键，打开本书学习资源中的"Ch05\素材\使用通道面板抠出玻璃器具\01"文件，如图5-72所示。选择钢笔工具 ，在属性栏的"选择工具模式"选项中选择"路径"，沿着酒杯轮廓绘制路径，如图5-73所示。

图5-72　　　　　　　　图5-73

（2）按Ctrl+Enter组合键，将路径转换为选区，如图5-74所示。按Ctrl+J组合键，复制选区中的图像，生成新的图层"图层1"，如图5-75所示。

图5-74　　　　　　　　图5-75

（3）选择"背景"图层。单击"图层"控制面板下方的"创建新图层"按钮 ，新建图层，如图5-76所示。将前景色设为暗绿色（0，70，12）。按Alt+Delete组合键，填充图层，如图5-77所示。

（4）在"通道"控制面板中，将"蓝"通道拖曳到控制面板下方的"创建新通道"按钮 上，复制通道，如图5-78所示。

图5-76　　　　图5-77　　　　图5-78

（5）选择"图像＞调整＞亮度/对比度"命令，在弹出的对话框中进行设置，如图5-79所示，单击"确定"按钮，效果如图5-80所示。

图5-79 图5-80

（6）单击"通道"控制面板下方的"将通道作为选区载入"按钮，载入通道选区，如图5-81所示。在"图层"控制面板中，选择"图层1"图层，单击面板下方的"添加图层蒙版"按钮，为图层添加蒙版，如图5-82所示，图像效果如图5-83所示。

图5-81

图5-82 图5-83

（7）按Ctrl+J组合键，复制图层，生成新的图层"图层1 拷贝"，如图5-84所示。在图层蒙版上单击鼠标右键，在弹出的菜单中选择"应用图层蒙版"命令，应用图层蒙版，如图5-85所示。

图5-84 图5-85

（8）在"图层"控制面板中，将该图层的混合模式选项设为"滤色"，如图5-86所示，图像效果如图5-87所示。

图5-86 图5-87

（9）在"路径"控制面板中，选择绘制的路径。在"图层"控制面板中，选择"背景"图层，按Ctrl+Enter组合键，将路径转换为选区，如图5-88所示。按Ctrl+J组合键，复制选区中的图像，如图5-89所示。

图5-88 图5-89

（10）将"图层3"拖曳到"图层2"图层的上方，如图5-90所示。单击"图层"控制面板下方的"添加图层蒙版"按钮，为图层添加蒙版，如图5-91所示。按住Alt键的同时，单击"图层3"左侧的眼睛图标，隐藏其他图层，如图5-92所示。

图5-90 图5-91 图5-92

（11）选择画笔工具 ✎，在属性栏中单击"画笔"选项右侧的 按钮，弹出画笔选择面板，设置如图5-93所示。在图像窗口中进行涂抹，擦除不需要的图像，效果如图5-94所示。单击"图层1"和"图层1 拷贝"左侧的空白图标 □，显示图层，如图5-95所示，效果如图5-96所示。

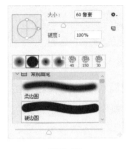

图5-93　　　　　　　　图5-94

图5-95　　　　　　　　图5-96

（12）按住Shift键的同时，单击"图层1 拷贝"图层，将需要的图层同时选取。按Alt+Ctrl+E组合键，盖印选定的图层，如图5-97所示。

（13）按Ctrl+O组合键，打开本书学习资源中的"Ch05\素材\使用通道面板抠出玻璃器具\02"文件。选择移动工具 ⊕，将抠出的图像拖曳到"02"图像窗口中适当的位置并调整大小，如图5-98所示。此时，"图层"控制面板中会生成新的图层，将其命名为"器皿"。

图5-97　　　　　　　　图5-98

（14）单击"图层"控制面板下方的"创建新的填充或调整图层"按钮 ●，在弹出的菜单中选择"色彩平衡"命令，生成"色彩平衡1"图层。同时弹出"色彩平衡"面板，设置如图5-99所示，效果如图5-100所示。

图5-99　　　　　　　　图5-100

（15）按Ctrl+O组合键，打开本书学习资源中的"Ch05\素材\使用通道面板抠出玻璃器具\03、04"文件。选择移动工具 ⊕，将这两个图像分别拖曳到"02"图像窗口中适当的位置，效果如图5-101所示。此时，"图层"控制面板中会生成新的图层，将其分别命名为"酒"和"文字"。使用通道面板抠出玻璃器具操作完成。

图5-101

5.2.6　使用混合颜色带抠出烟雾

【案例学习目标】学习使用混合颜色带抠出烟雾。

【案例知识要点】使用混合颜色带、画笔

工具和图层蒙版制作人物图片合成，使用混合颜色带抠出烟雾，使用色相/饱和度和色阶调整层调整图片颜色，最终效果如图5-102所示。

【效果所在位置】Ch05\效果\使用混合颜色带抠出烟雾.psd。

图5-102

（1）按Ctrl+O组合键，打开本书学习资源中的"Ch05\素材\使用混合颜色带抠出烟雾\01"文件，如图5-103所示。

图5-103

（2）单击"图层"控制面板下方的"创建新的填充或调整图层"按钮 ◔，在弹出的菜单中选择"色阶"命令，生成"色阶1"图层。同时弹出"色阶"面板，设置如图5-104所示，效果如图5-105所示。

图5-104

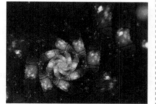

图5-105

（3）按Ctrl＋O组合键，打开本书学习资源中的"Ch05\素材\使用混合颜色带抠出烟雾\02"文件。选择移动工具 ✛，将"02"图像拖曳到"01"图像窗口中适当的位置并调整大小，效果如图5-106所示。此时，"图层"控制面板中会生成新的图层，将其命名为"人物"。

图5-106

（4）单击"图层"面板下方的"添加图层样式"按钮 fx，在弹出的菜单中选择"混合选项"命令，弹出对话框。按住Alt键的同时，向右拖曳"本图层"下方右侧的黑色滑块，如图5-107所示。单击"确定"按钮，调整混合选项，图像效果如图5-108所示。

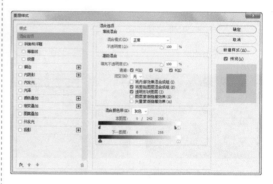

图5-107

图5-108

（5）单击"图层"控制面板下方的"添加图层蒙版"按钮 ▢，为图层添加蒙版，如图5-109所示。将前景色设为黑色。选择画笔工具 ✐，在属性栏中单击"画笔"选项右侧的 ˙按钮，弹出画笔选择面板，设置如图5-110所示。在属性栏中将"不透明度"选项设为50%，在图像窗口中进行涂抹，擦除不需要的图像，效果如图5-111所示。

（6）选择"色阶1"图层。按Ctrl + O组合键，打开本书学习资源中的"Ch05\素材\使用混合颜色带抠出烟雾\03"文件。选择移动工具 ⊹，将"03"图像拖曳到"01"图像窗口中适当的位置，效果如图5-112所示。此时，"图层"控制面板中会生成新的图层，将其命名为"图片"。

图5-109　　　　　　　图5-110

图5-111　　　　　　　图5-112

（7）单击"图层"面板下方的"添加图层样式"按钮 fx，在弹出的菜单中选择"混合选项"命令，弹出对话框。按住Alt键的同时，向右拖曳"本图层"下方右侧的黑色滑块，如图5-113所示。单击"确定"按钮，调整混合选项，图像效果如图5-114所示。

图5-113

图5-114

（8）单击"图层"控制面板下方的"添加图层蒙版"按钮 □，为图层添加蒙版，如图5-115所示。选择画笔工具 ✐，在图像窗口中进行涂抹，擦除不需要的图像，效果如图5-116所示。

图5-115　　　　　　　图5-116

（9）单击"图层"控制面板下方的"创建新的填充或调整图层"按钮 ●，在弹出的菜单中选择"色相/饱和度"命令，生成"色相/饱和度1"图层。同时在弹出的"色相/饱和度"面板中进行设置，如图5-117所示，效果如图5-118所示。使用混合颜色带抠出烟雾操作完成。

图5-117　　　　　　　图5-118

5.2.7 使用通道面板抠出婚纱

【案例学习目标】学习使用通道面板抠出婚纱。

【案例知识要点】使用钢笔工具绘制选区，使用通道控制面板和计算命令抠出婚纱，使用横排文字工具和字符面板添加文字，使用移动工具调整图像的位置，最终效果如图5-119所示。

【效果所在位置】Ch05\效果\使用通道面板抠出婚纱.psd。

图5-119

（1）按Ctrl+O组合键，打开本书学习资源中的"Ch05\素材\使用通道面板抠出婚纱\01"文件，如图5-120所示。

（2）选择钢笔工具 ∅，在属性栏的"选择工具模式"选项中选择"路径"，沿着人物的轮廓绘制路径，绘制时要避开半透明的婚纱，如图5-121所示。

图5-120　　　　　图5-121

（3）单击属性栏中的"路径操作"按钮 ▣，在弹出的面板中选择"排除重叠形状"选项，再次绘制路径，效果如图5-122所示。按

Ctrl+Enter组合键，将路径转换为选区。按Shift+Ctrl+I组合键，反选选区，如图5-123所示。

图5-122　　　　　图5-123

（4）单击"通道"控制面板下方的"将选区存储为通道"按钮 ▢，将选区存储为通道，如图5-124所示。按Ctrl+D组合键，取消选区。

图5-124

（5）将"红"通道拖曳到控制面板下方的"创建新通道"按钮 ▢ 上，复制通道，如图5-125所示。选择钢笔工具 ∅，在图像窗口中沿着婚纱边缘绘制路径，如图5-126所示。按Ctrl+Enter组合键，将路径转换为选区，效果如图5-127所示。

图5-125　　　　图5-126　　　　图5-127

（6）将前景色设为黑色。按Shift+Ctrl+I组合键，反选选区。按Alt+Delete组合键，用前景色填充选区。按Ctrl+D组合键，取消选区，效

果如图5-128所示。
选择"图像 > 计算"
命令，在弹出的对话
框中进行设置，如图
5-129所示，单击"确
定"按钮，得到新的
通道图像，效果如图
5-130所示。

图5-128

图5-129

图5-130

（7）按住Ctrl键的同时，单击"Alpha 2"通
道的缩览图，如图5-131所示，载入婚纱选区，
效果如图5-132所示。

图5-131　　　　　　图5-132

（8）单击"RGB"通道，显示彩色图像。

单击"图层"控制面板下方的"添加图层蒙
版"按钮 □，添加图层蒙版，如图5-133所示，
抠出婚纱图像，效果如图5-134所示。

图5-133　　　　　　图5-134

（9）单击"图层"控制面板下方的"创建
新图层"按钮 □，新建图层并将其拖曳到面板
的最下方，如图5-135所示。选择"图层 > 新建
> 图层背景"命令，将新建的图层转换为"背
景"图层，如图5-136所示。

图5-135　　　　　　图5-136

（10）选择渐变工具 □，单击属性栏中的
"点按可编辑渐变"按钮 ▔▔▔ ，弹出"渐
变编辑器"对话框，在"位置"选项中分别输
入0、50、100三个位置点，并分别设置三个位
置点颜色的RGB值为0（166，176，186）、
50（180，190，200）、100（140，150，
162），如图5-137所示，单击"确定"按钮。
在图像窗口中从上向下拖曳渐变色，效果如图
5-138所示。

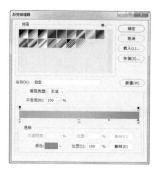

图5-137　　　　　　　图5-138

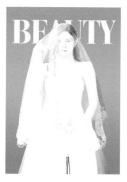

图5-142　　　　　　　图5-143

（11）选择横排文字工具 T.，在适当的位置输入需要的文字并选取文字。选择"窗口 > 字符"命令，弹出面板，将"颜色"选项设为白色，其他选项的设置如图5-139所示，效果如图5-140所示。

（13）在"图层"控制面板中，将该图层的混合模式选项设为"柔光"，如图5-144所示，图像效果如图5-145所示。

图5-139　　　　　　　图5-140

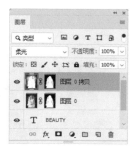

图5-144

（12）选中"图层0"图层，按Ctrl+J组合键，复制图层，生成新的图层"图层0 拷贝"，如图5-141所示。选择"图像 > 调整 > 亮度/对比度"命令，在弹出的对话框中进行设置，如图5-142所示，单击"确定"按钮，效果如图5-143所示。

（14）按Ctrl+O组合键，打开本书学习资源中的"Ch05\素材\使用通道面板抠出婚纱\02"文件，选择移动工具 ⊕.，将"02"图像拖曳到"01"图像窗口中适当的位置，效果如图5-146所示。此时，"图层"控制面板中会生成新的图层，将其命名为"文字"。使用通道面板抠出婚纱操作完成。

图5-141

图5-145　　　　　　　图5-146

【案例学习目标】学习使用多种方法抠出栏目图片。

【案例知识要点】使用钢笔工具、魔棒工具和矩形选框工具绘制选区，使用图层蒙版抠出衣服，使用多边形工具绘制图形，使用横排文字工具和字符面板添加文字，使用移动工具调整图像位置，最终效果如图5-147所示。

【效果所在位置】Ch05\效果\制作时尚杂志栏目.psd。

图5-147

1. 人物抠图

（1）按Ctrl+O组合键，打开本书学习资源中的"Ch05\素材\制作时尚杂志栏目\01"文件，如图5-148所示。选择钢笔工具 ，在属性栏的"选择工具模式"选项中选择"路径"，沿着模特轮廓绘制路径，如图5-149所示。

（2）单击属性栏中的"路径操作"按钮 ，在弹出的面板中选择"排除重叠形状"选项，再次分别绘制路径，如图5-150所示。按Ctrl+Enter组

合键，将路径转换为选区。按Shift+Ctrl+I组合键，反选选区，如图5-151所示。

图5-148

图5-149

图5-150

图5-151

（3）选择"选择 > 选择并遮住"命令，弹出属性面板，单击"视图"选项右侧的按钮，在弹出的面板中选择"叠加"选项，如图5-152所示，图像窗口中显示叠加视图模式，如图5-153所示。选择调整边缘画笔工具 ，在属

性栏中将"大小"选项
设为50，在人物图像中
涂抹头发边缘，将头发
与背景分离，效果如图
5-154所示。

图5-152

图5-153　　　　　图5-154

（4）其他选项的设置如图5-155所示，单击
"输出到"选项右侧的 按钮，在弹出的菜单中选
择"新建带有图层蒙版的图层"选项，单击"确
定"按钮，在"图层"控制面板中生成蒙版图
层，如图5-156所示，图像效果如图5-157所示。

图5-155　　　　图5-156　　　　图5-157

（5）按Ctrl+N组合键，弹出"新建文档"
对话框，设置宽度为20.5厘米，高度为27.5厘
米，分辨率为300像素/英寸，颜色模式为RGB，
背景内容为白色，单击"创建"按钮，新建一
个文件。

（6）选择移动工具
⊕.，将抠出的人物图像
拖曳到新建的图像窗口中
适当的位置并调整大小，
如图5-158所示。此时，
"图层"控制面板中会生
成新的图层，将其命名为
"人物"。

图5-158

2. 服饰抠图

（1）按Ctrl+O组合键，打开本书学习资源
中的"Ch05\素材\制作时尚杂志栏目\02"文
件，如图5-159所示。选择魔棒工具 ，在属
性栏中将"容差"选项设置为30，单击白色
背景，图像中的白色部分被选中，如图5-160
所示。按Shift+Ctrl+I组合键，反选选区，如图
5-161所示。

图5-159　　　　图5-160　　　　图5-161

（2）选择移动工具
⊕.，将选区中的图像拖
曳到新建的图像窗口中适
当的位置并调整大小，
如图5-162所示。此时，
"图层"控制面板中会
成新的图层，将其命名为
"裙子"。

图5-162

（3）选中"裙子"图层，如图5-163所示，将其拖曳到"人物"图层的下方，如图5-164所示。

图5-163

图5-164

（4）使用上述方法抠出03、04、05服饰文件，分别拖曳到新建的图像窗口中适当的位置，并调整其大小。此时，"图层"控制面板中会生成新的图层，将其分别命名为"包""高跟鞋""项链"，如图5-165所示，效果如图5-166所示。

图5-165

图5-166

（5）按住Shift键的同时，单击"裙子"图层，将需要的图层同时选取，按Ctrl+G组合键，群组图层并将其命名为"服饰1"，如图5-167所示。

图5-167

3. 添加文字

（1）选择多边形工具 ⬡，在属性栏的"选择工具模式"选项中选择"形状"，将"填充"颜色设为黑色，"描边"颜色设为无。在图像窗口中单击，在弹出的对话框中进行设置，如图5-168所示，单击"确定"按钮，效果如图5-169所示。此时，"图层"控制面板中会生成新的图层，将其命名为"黑三角"。

图5-168

图5-169

（2）按Ctrl+T组合键，图形周围出现变换框，将鼠标指针放在变换框的控制手柄外边，指针变为旋转图标 ↰，拖曳鼠标将图形旋转到适当的角度，按Enter键确认操作，效果如图5-170所示。

图5-170

（3）选择横排文字工具 T.，输入需要的文字并选取文字，在属性栏中选择合适的字体并设置文字大小，设置文字颜色为黑色，效果如图5-171所示。使用相同的方法再次输入文字，效果如图5-172所示。

图5-171　　　　　　　　图5-172

（4）使用上述方法分别绘制图形并输入文字，制作出如图5-173所示的效果。选择矩形工具 □，在属性栏中将"填充"颜色设为红色（209，0，0），"描边"颜色设为无。在图像窗口中适当的位置绘制矩形，如图5-174所示。此时，"图层"控制面板中会生成新的形状图层"矩形1"。

图5-173　　　　　　　图5-174

（5）选择横排文字工具 T，输入需要的文字并选取文字，在属性栏中选择合适的字体并设置文字大小，设置文字颜色为白色，效果如图5-175所示。

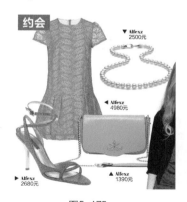

图5-175

（6）按住Shift键的同时，单击"黑三角"图层，将需要的图层同时选取。按Ctrl+G组合键，群组图层并将其命名为"文字1"，如图5-176所示。按住Shift键的同时，单击"服饰1"图层组，将需要的图层组同时选取。按Ctrl+G组合键，群组图层组并将其命名为"约会"，如图5-177所示。

图5-176　　　　　　　图5-177

（7）使用相同的方法分别制作"休闲""上班""派对"图层组，如图5-178所示，效果如图5-179所示。

图5-178　　　　　　　图5-179

（8）选中"背景"图层。按Ctrl+O组合键，打开本书学习资源中的"Ch05\素材\制作时尚杂志栏目\24"文件。选择移动工具 ⊕，将"24"图像拖曳到新建的图像窗口中适当的位置，效果如图5-180所示。此时，"图层"控制面板中会生成新的图层，将其命名为"文字"。时尚杂志栏目制作完成。

图5-180

课堂练习——使用通道面板抠出人物

【练习知识要点】使用通道控制面板、钢笔工具和画笔工具抠出人物，最终效果如图5-181所示。

【效果所在位置】Ch05\效果\使用通道面板抠出人物.psd。

图5-181

课后习题——使用魔棒工具更换背景

【习题知识要点】使用魔棒工具更换背景，使用亮度/对比度命令调整图片亮度，使用横排文字工具添加文字，最终效果如图5-182所示。

【效果所在位置】Ch05\效果\使用魔棒工具更换背景.psd。

图5-182

第 **6** 章

修图

本章介绍

　　修图与当代的审美息息相关，目的是将图像修整得更为完美。在修图之前，先了解修图的概念和分类，再确定修图的思路和方法，最后选择合适的工具进行修图。本章介绍了修饰图像的思路、流程和方法，通过对本章的学习，读者可以应用相关修图工具使图像更加美观。

学习目标

◆ 了解修图的概念和分类。

◆ 掌握不同的修图方法。

◆ 掌握常用的修图技巧。

技能目标

◆ 掌握瑕疵的修复方法。

◆ 掌握污点的修复方法。

◆ 掌握光影的修复方法。

◆ 掌握时尚杂志封面的制作方法。

6.1 修图基础

6.1.1 修图的概念

修图是指对已有的图片进行修饰加工，不仅可以为原图增光添彩、弥补缺陷，还能轻易完成在拍摄中很难做到的特殊效果，以及对图片进行再次创作。

6.1.2 修图的分类

根据图片的不同应用领域，修图分为不同的种类。如用于电商相关领域和广告业的商品图，用于人像摄影或影视相关领域的人像图，对照片进行二次构图、适度调色的新闻图等，如图6-1所示。

图6-1

6.2 修图实战

6.2.1 修全身

【案例学习目标】学习使用变换和液化命令修全身。

【案例知识要点】使用变换命令和选区工具调整腿长，使用液化命令调整人物的腰部，使用矩形选框工具和内容识别填充功能调整背景，使用横排文字工具输入文字，最终效果如图6-2所示。

【效果所在位置】Ch06\效果\修全身.psd。

图6-2

（1）按Ctrl+O组合键，打开本书学习资源中的"Ch06\素材\修全身\01"文件，如图6-3所示。按Ctrl+J组合键，复制背景图层，生成新的图层"图层1"，如图6-4所示。

图6-3　　　　　　　　图6-4

（2）按Ctrl+T组合键，图像周围出现变换框，在变换框中单击鼠标右键，在弹出的菜单中选择"透视"命令，向内拖曳左上角的控制手柄，调整图像，如图6-5所示，按Enter键确认操作，效果如图6-6所示。

图6-5　　　　　　　　图6-6

（3）选择矩形选框工具 ⬚，在人物小腿的位置绘制矩形选区，如图6-7所示。按Ctrl+T组合键，选区周围出现变换框，按住Shift键的同时，向下拖曳下方中间的控制手柄，拉长腿部线条，按Enter键确认操作，效果如图6-8所示。按Ctrl+D组合键，取消选区。

图6-7　　　　　　　　图6-8

（4）使用相同的方法在下方地砖的位置绘制矩形选区，如图6-9所示。按Ctrl+T组合键，选区周围出现变换框，按住Shift键的同时，分别从左、右两边向中间拖曳控制手柄，调整地砖，按Enter键确认操作，效果如图6-10所示。按Ctrl+D组合键，取消选区。

图6-9

图6-10

（5）按Ctrl+E组合键，将两个图层合并。选择"滤镜 > 液化"命令，在弹出的对话框中进行设置，在预览框中向左拖曳人物的腰线和背线，进行瘦腰调整，如图6-11所示。单击"确定"按钮，完成液化，效果如图6-12所示。

图6-11

图6-12

（6）选择矩形选框工具 ⬚，在图像右侧的位置绘制选区，如图6-13所示。按Shift+F5组合键，在弹出的"填充"对话框中进行设置，如图6-14所示，单击"确定"按钮，修复图像，效果如图6-15所示。按Ctrl+D组合键，取消选区。用相同的

方法修复左侧的图像，使其与背景融合，如图
6-16所示。

图6-13　　　　　　图6-14

图6-15　　　　　　图6-16

（7）选择横排文
字工具 T.，分别输入需
要的文字并选取文字，
在属性栏中选择合适的
字体并设置文字大小，
设置文字颜色为白色，
效果如图6-17所示。人
物全身修复完成。

图6-17

6.2.2　修胳膊

【案例学习目标】学习使用变换和液化命
令修胳膊。

【案例知识要点】使用套索工具、羽化
选区命令、变换命令和液化命令调整人物的胳
膊，最终效果如图6-18所示。

【效果所在位置】Ch06\效果\修胳膊.psd。

图6-18

（1）按Ctrl+O组合键，打开本书学习资源
中的"Ch06\素材\修胳膊\01"文件，如图6-19
所示。选择缩放工具 Q，在图像窗口中单击放
大图像。选择套索工具 Q.，在人物胳膊周围绘
制选区，如图6-20所示。

图6-19　　　　　　图6-20

（2）按Shift+F6组合键，弹出"羽化选区"
对话框，选项的设置如图6-21所示，单击"确
定"按钮，羽化选区。按Ctrl+J组合键，复制选
区中的图像，生成新的图层"图层1"，如图
6-22所示。

图6-21　　　　　　图6-22

图6-26

（3）按Ctrl+T组合键，图像周围出现变换框，在变换框中单击鼠标右键，在弹出的菜单中选择"变形"命令，向内拖曳左下角的胳膊部分，调整图像，按Enter键确认操作，效果如图6-23所示。按Ctrl+E组合键，将两个图层合并，如图6-24所示。

（5）使用相同的方法调整右侧手臂，效果如图6-27所示。

（6）按Ctrl + N组合键，新建一个文件，设置宽度为900像素，高度为383像素，分辨率为72像素/英寸，颜色模式为RGB，背景内容为白色。

（7）选择移动工具 ⊕，将"01"图像拖曳到新建的图像窗口中适当的位置并调整大小，如图6-28所示。此时，"图层"控制面板中会生成新的图层，将其命名为"人物"。

图6-23　　　　　　图6-24

（4）选择"滤镜 > 液化"命令，在弹出的对话框中进行设置，在预览框中调整人物的手臂部分，使胳膊变瘦，如图6-25所示。单击"确定"按钮，完成液化，效果如图6-26所示。

图6-27　　　　　　图6-28

（8）按Ctrl + O组合键，打开本书学习资源中的"Ch06\素材\修胳膊\02"文件。选择移动工具 ⊕，将"02"图像拖曳到新建的图像窗口中适当的位置，效果如图6-29所示。此时，"图层"控制面板中会生成新的图层，将其命名为"文字"。人物胳膊修复完成。

图6-25

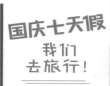

图6-29

6.2.3 修眼睛

【案例学习目标】学习使用仿制图章工具和曲线命令修眼睛。

【案例知识要点】使用套索工具、羽化选区命令、变换命令、仿制图章工具和曲线命令修复眼睛，最终效果如图6-30所示。

图6-30

【效果所在位置】Ch06\效果\修眼睛.psd。

（1）按Ctrl+O组合键，打开本书学习资源中的"Ch06\素材\修眼睛\01"文件，如图6-31所示。按Ctrl+J组合键，复制背景图层，生成新的图层"图层1"，如图6-32所示。

图6-31　　　　　　　　图6-32

（2）选择套索工具 ，在属性栏中选中"添加到选区"按钮 ，在图像窗口中圈选眼睛部分，如图6-33所示。按Shift+F6组合键，弹出"羽化选区"对话框，选项的设置如图6-34所示，单击"确定"按钮，羽化选区。

图6-33　　　　　　　　图6-34

（3）按Ctrl+J组合键，复制选区中的图像，生成新的图层"图层2"，如图6-35所示。选择缩放工具 ，在图像窗口中单击放大图像。按Ctrl+T组合键，图像周围出现变换框，按住Alt键的同时，向外拖曳右上角的控制手柄，放大图像，按Enter键确认操作，效果如图6-36所示。按Ctrl+E组合键，将两个图层合并，如图6-37所示。

图6-35

图6-36　　　　　　　　图6-37

（4）新建图层"图层2"，如图6-38所示。选择仿制图章工具 ，在属性栏中单击"画笔"选项右侧的 按钮，弹出画笔选择面板，设置如图6-39所示。将"不透明度"选项设为20%，"样本"选项设为"所有图层"。按住Alt键的同时，单击白色眼白部分进行取样，然后释放Alt键，在红色眼白部分进行涂抹，修补红色眼白部分，效果如图6-40所示。

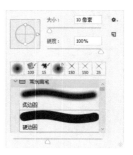

图6-38　　　　　　　　图6-39

图6-40

（5）按Ctrl+E组合键，将两个图层合并，如图6-41所示。选择套索工具 ，在图像窗口中圈选眼球部分，如图6-42所示。按Shift+F6组合键，弹出"羽化选区"对话框，选项的设置如图6-43所示，单击"确定"按钮，羽化选区。

图6-41

图6-42

图6-43

（6）单击"图层"控制面板下方的"创建新的填充或调整图层"按钮 ，在弹出的菜单中选择"曲线"命令，生成"曲线1"图层。同时弹出"曲线"面板，在曲线上单击添加控制点，设置如图6-44所示，效果如图6-45所示。

图6-44

图6-45

（7）选择套索工具 ，在图像窗口中圈选眼白部分，如图6-46所示。按Shift+F6组合键，

弹出"羽化选区"对话框，设置如图6-47所示，单击"确定"按钮，羽化选区。

图6-46

图6-47

（8）单击"图层"控制面板下方的"创建新的填充或调整图层"按钮 ，在弹出的菜单中选择"曲线"命令，生成"曲线2"图层。同时弹出"曲线"面板，在曲线上单击添加控制点，设置如图6-48所示，效果如图6-49所示。

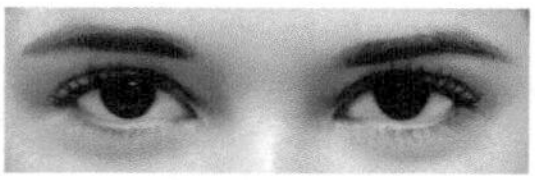

图6-48

图6-49

（9）选择套索工具 ，在图像窗口中圈选眼球中的亮光部分，如图6-50所示。

图6-50

（10）单击"图层"控制面板下方的"创建新的填充或调整图层"按钮 ，在弹出的菜单中选择"曲线"命令，生成"曲线3"图层。同时弹出"曲线"面板，在曲线上单击添加控制点，设置如图6-51所示，效果如图6-52所示。人物眼睛修复完成。

图6-51

图6-52

6.2.4 修眉毛

【案例学习目标】学习使用仿制图章工具和加深工具修眉毛和脸部污点。

【案例知识要点】使用仿制图章工具和加深工具修复眉毛和皮肤，最终效果如图6-53所示。

【效果所在位置】Ch06\效果\修眉毛.psd。

图6-53

（1）按Ctrl+O组合键，打开本书学习资源中的"Ch06\素材\修眉毛\01"文件，如图6-54所示。按Ctrl+J组合键，复制背景图层，生成新的图层"图层1"，如图6-55所示。

图6-54

图6-55

（2）选择缩放工具 ，在图像窗口中单击放大图像。选择仿制图章工具 ，在属性栏中单击"画笔"选项右侧的 按钮，弹出画笔选择面板，设置如图6-56所示。将"不透明度"选项设为100%，"样本"选项设为当前图层。按住Alt键的同时，在眼皮处的皮肤上单击进行取样，如图6-57所示。取样完成后，释放Alt键，在眉毛周围进行涂抹，修补多出的部分，如图6-58所示。

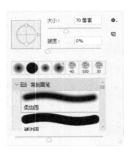

图6-56

图6-57

图6-58

（3）选择加深工具 ，在属性栏中单击"画笔"选项右侧的 按钮，弹出画笔选择面板，设置如图6-59所示。将"范围"选项设为中间调，"曝光度"选项设为30%，在眉毛上进行涂抹，效果如图6-60所示。

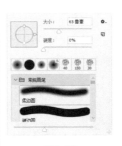

图6-59

图6-60

（4）使用上述方法修复脸部其他部分的瑕疵，效果如图6-61所示。按Ctrl+O组合键，打开本书学习资源中的"Ch06\素材\修眉毛\02"文件，如图6-62所示。

图6-61　　　　　　图6-62

（5）选择圆角矩形工具 ▢，在属性栏的"选择工具模式"选项中选择"形状"，将"填充"颜色设为白色，"描边"颜色设为浅蓝色（179，214，225），"粗细"选项设为4像素，"半径"选项设为20像素。在图像窗口中适当的位置绘制圆角矩形，如图6-63所示。此时，"图层"控制面板中会生成新的形状图层"圆角矩形1"。

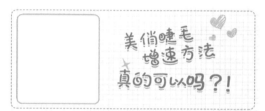

图6-63

（6）选择移动工具 ✛，将"01"图像拖曳到"02"图像窗口中适当的位置并调整大小，如图6-64所示。此时，"图层"控制面板中会生成新的图层，将其命名为"人物"。按Alt+Ctrl+G组合键，创建剪贴蒙版，效果如图6-65所示。人物眉毛修复完成。

图6-64　　　　　　图6-65

6.2.5　修污点

【案例学习目标】学习使用多种修图工具修复人物照片。

【案例知识要点】使用红眼工具去除人物红眼，使用污点修复画笔工具修复雀斑和痘印，使用修补工具修复眼袋和颈部皱纹，使用仿制图章工具去掉项链，最终效果如图6-66所示。

【效果所在位置】Ch06\效果\修污点.psd。

图6-66

（1）按Ctrl+O组合键，打开本书学习资源中的"Ch06\素材\修污点\01"文件，如图6-67所示。按Ctrl+J组合键，复制背景图层，生成新的图层"图层1"，如图6-68所示。

图6-67　　　　　　图6-68

（2）选择缩放工具 🔍，在图像窗口中单击放大图像。选择红眼工具 👁，在属性栏中的设置如图6-69所示，在人物左侧眼睛上单击，去除红眼，效果如图6-70所示。用相同的方法去除右侧的红眼，效果如图6-71所示。

图6-69

图6-70　　　　　　图6-71

（3）选择污点修复画笔工具 ✎，将鼠标指针放置在要修复的污点图像上，如图6-72所示，单击去除污点，效果如图6-73所示。使用相同的方法去除脸部的所有雀斑、痘痘和发丝，效果如图6-74所示。

 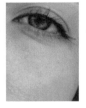 

图6-72　　　　　图6-73　　　　　图6-74

（4）选择修补工具 ◌，在图像窗口中圈选眼袋部分，如图6-75所示，将其拖曳到适当的位置，如图6-76所示，释放鼠标，修补眼袋。按Ctrl+D组合键，取消选区，效果如图6-77所示。使用相同的方法修补右侧眼袋、颈部皱纹，效果如图6-78所示。

 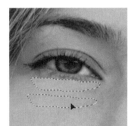

图6-75　　　　　　　　图6-76

图6-77　　　　　　　　图6-78

（5）选择仿制图章工具 ♣，在属性栏中单击"画笔"选项右侧的 按钮，弹出画笔选择面板，设置如图6-79所示。按住Alt键的同时，在颈部皮肤上单击进行取样，如图6-80所示。取样完成后，释放Alt键，将鼠标指针放置在需要修复的项链上，单击去掉项链，效果如图6-81所示。使用相同的方法去掉颈部上的项链，效果如图6-82所示。

图6-79　　　　　　　　图6-80

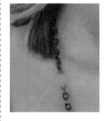 

图6-81　　　　　　　　图6-82

（6）选择横排文字工具 T，输入需要的文字并选取文字，在属性栏中选择合适的字体并设置文字大小，设置文字颜色为黑色，效果如图6-83所示。人物污点修复完成。

图6-83

6.2.6 修碎发

【案例学习目标】学习使用仿制图章工具修碎发。

【案例知识要点】使用钢笔工具、羽化选区命令和仿制图章工具修复碎发，使用加深工具、减淡工具和模糊工具调整头发，最终效果如图6-84所示。

【效果所在位置】Ch06\效果\修碎发.psd。

图6-84

（1）按Ctrl+O组合键，打开本书学习资源中的"Ch06\素材\修碎发\01"文件，如图6-85所示。按Ctrl+J组合键，复制背景图层，生成新的图层"图层1"，如图6-86所示。

图6-85　　　　　　　图6-86

（2）选择钢笔工具✎，在属性栏的"选择工具模式"选项中选择"路径"，沿着头发的外轮廓绘制路径，如图6-87所示。按Ctrl+Enter组合键，将路径转换为选区，如图6-88所示。

图6-87　　　　　　　图6-88

（3）按Shift+Ctrl+I组合键，反选选区，如图6-89所示。按Shift+F6组合键，弹出"羽化选区"对话框，选项的设置如图6-90所示，单击"确定"按钮，羽化选区。

图6-89　　　　　　　图6-90

（4）选择仿制图章工具🔖，在属性栏中单击"画笔"选项右侧的⌄按钮，弹出画笔选择面板，设置如图6-91所示。

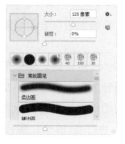

图6-91

（5）按住Alt键的同时，单击背景吸取背景颜色，如图6-92所示。释放Alt键，在选区内进行涂抹，去除杂乱的头发，如图6-93所示。按Ctrl+D组合键，取消选区。使用相同的方法修复其他头发，效果如图6-94所示。

图6-92

图6-93

图6-94

（6）分别选择加深工具 🖑 和减淡工具 🖌，在人物头发上进行涂抹，调整细节，使整体图像明暗结构合理。选择模糊工具 ◌，在头发边缘上进行涂抹，融合图像，效果如图6-95所示。

（7）按Ctrl+O组合键，打开本书学习资源中的"Ch06\素材\修碎发\02"文件，如图6-96所示。

图6-95

图6-96

（8）选择矩形工具 □，在属性栏的"选择工具模式"选项中选择"形状"，将"填充"颜色设为黑色，"描边"颜色设为无。在图像窗口中适当的位置绘制矩形，如图6-97所示。此时，"图层"控制面板中会生成新的形状图层"矩形1"。

（9）按Ctrl+T组合键，矩形周围出现变换框，将鼠标指针放在变换框的控制手柄外边，指针变为旋转图标 ↱，拖曳鼠标将矩形旋转到适当的角度，按Enter键确认操作，效果如图6-98所示。

图6-97

图6-98

（10）选择移动工具 ⊕，将"01"图像拖曳到"02"图像窗口中适当的位置并调整大小，旋转到适当的角度，如图6-99所示。此时，"图层"控制面板中会生成新的图层，将其命名为"人物"。按Alt+Ctrl+G组合键，创建剪贴蒙版，效果如图6-100所示。人物碎发修复完成。

图6-99

图6-100

6.2.7 修光影

【案例学习目标】学习使用曲线命令和画笔工具修光影。

【案例知识要点】使用曲线调整层和画笔工具调整全身的光影，使用横排文字工具输入文字，最终效果如图6-101所示。

【效果所在位置】Ch06\效果\修光影.psd。

图6-101

（1）按Ctrl+O组合键，打开本书学习资源中的"Ch06\素材\修光影\01"文件，如图6-102所示。

图6-102

（2）单击"图层"控制面板下方的"创建新的填充或调整图层"按钮 ◎，在弹出的菜单中选择"曲线"命令，生成"曲线1"图层。同时弹出"曲线"面板，在曲线上单击添加控制点，设置如图6-103所示，效果如图6-104所示。

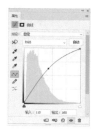 

图6-103　　　　　　　　图6-104

（3）将前景色设为黑色。按Alt+Delete组合键，填充蒙版为黑色，遮挡调亮的图像，如图6-105所示。

图6-105

（4）选择画笔工具 ✎，在属性栏中单击"画笔"选项右侧的 ⌄ 按钮，弹出画笔选择面板，设置如图6-106所示。在属性栏中将"不透明度"选项设为50%，"流量"选项设为50%，"平滑"选项设为10%，在图像的高光部分进行涂抹，提高图像亮度，效果如图6-107所示。

图6-106　　　　　　　　图6-107

（5）单击"图层"控制面板下方的"创建新的填充或调整图层"按钮 ◎，在弹出的菜单中选择"曲线"命令，生成"曲线2"图层。同时弹出"曲线"面板，在曲线上单击添加控制点，

设置如图6-108所示，效果如图6-109所示。

图6-108　　　　　　　　图6-109

（6）按Alt+Delete组合键，填充蒙版为黑色，遮挡调暗的图像。选择画笔工具 ✎，在图像的暗光部分进行涂抹，加深图像，效果如图6-110所示。

图6-110

（7）选择横排文字工具 T.，输入需要的文字并选取文字，在属性栏中分别选择合适的字体并设置文字大小，设置文字颜色为白色，效果如图6-111所示。

图6-111

（8）单击"图层"控制面板下方的"添加图层样式"按钮 fx.，在弹出的菜单中选择"投影"命令，在弹出的对话框中进行设置，如图6-112所示，单击"确定"按钮，效果如图6-113所示。人物光影修复完成。

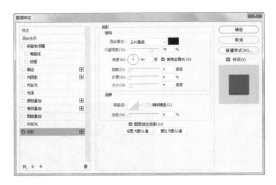

图6-112

图6-113

6.3 综合实例——制作时尚杂志封面

【案例学习目标】学习使用修图工具修复人物。

【案例知识要点】使用污点修复画笔工具修复人物脸部污点，使用仿制图章工具修复眼袋和碎发，使用快速选择工具和阴影/高光命令调整人物的头发，使用套索工具、羽化命令和变换命令调整人物的形体，最终效果如图6-114所示。

【效果所在位置】Ch06\效果\制作时尚杂志封面.psd。

图6-114

图6-115

图6-116

（1）按Ctrl+O组合键，打开本书学习资源中的"Ch06\素材\制作时尚杂志封面\01"文件，如图6-115所示。按Ctrl+J组合键，复制背景图层，生成新的图层"图层1"，如图6-116所示。

（2）选择缩放工具，在图像窗口中单击放大图像。选择污点修复画笔工具，将鼠标指针放置在要修复的污点图像上，如图6-117所示，单击去除污点，效果如图6-118所示。使用相同的方法去除脸部和颈部的所有雀斑和痘痘，效果如图6-119所示。

图6-117　　　　　图6-118　　　　　图6-119

（3）选择仿制图章工具 ，在属性栏中单击"画笔"选项右侧的 按钮，弹出画笔选择面板，设置如图6-120所示。按住Alt键的同时，单击眼睛周围的皮肤确定取样点，如图6-121所示。释放Alt键，在眼袋的位置进行涂抹，修复眼袋，如图6-122所示。使用相同的方法修复右侧眼袋，效果如图6-123所示。

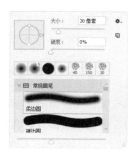

图6-120　　　　　　　图6-121

图6-122　　　　　　　图6-123

（4）选择钢笔工具 ，在属性栏的"选择工具模式"选项中选择"路径"，沿着头发的外轮廓绘制路径，如图6-124所示。按Ctrl+Enter组合键，将路径转换为选区，如图6-125所示。按Shift+Ctrl+I组合键，反选选区，如图6-126所示。按Shift+F6组合键，弹出"羽化选区"对话框，设置如图6-127所示，单击"确定"按钮，羽化选区。

图6-124　　　　　　　图6-125

图6-126　　　　　　　图6-127

（5）选择仿制图章工具 ，在属性栏中单击"画笔"选项右侧的 按钮，弹出画笔选择面板，设置如图6-128所示。按住Alt键的同时，单击背景吸取背景颜色，如图6-129所示。释放Alt键，在选区内进行涂抹，去除杂乱的头发，如图6-130所示。按Ctrl+D组合键，取消选区。

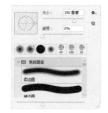

图6-128

图6-129　　　　　　　图6-130

（6）选择快速选择工具 ，在属性栏中选中"添加到选区"按钮 ，在图像窗口中圈选头发部分，如图6-131所示。按Ctrl+J组合键，复制选区中的图像，生成新的图层"图层2"，如图6-132所示。

图6-131　　　　　　图6-132

（7）选择"图像 > 调整 > 阴影/高光"命令，在弹出的对话框中进行设置，如图6-133所示，单击"确定"按钮，效果如图6-134所示。按Ctrl+E组合键，将两个图层合并，如图6-135所示。

图6-133

图6-134　　　　　　图6-135

（8）选择套索工具 ，在人物胳膊周围

绘制选区，如图6-136所示。按Shift+F6组合键，弹出"羽化选区"对话框，选项的设置如图6-137所示，单击"确定"按钮，羽化选区。按Ctrl+J组合键，复制选区中的图像，生成新的图层"图层2"，如图6-138所示。

图6-136

图6-137　　　　　　图6-138

（9）按Ctrl+T组合键，图像周围出现变换框，在变换框中单击鼠标右键，在弹出的菜单中选择"变形"命令，向左拖曳胳膊部分，使胳膊变瘦，按Enter键确认操作，效果如图6-139所示。按Ctrl+E组合键，将两个图层合并，如图6-140所示。

图6-139　　　　　　图6-140

（10）选择套索工具 ，在人物脸部左侧绘制选区，如图6-141所示。按Shift+F6组合键，弹出"羽化选区"对话框，选项的设置如图6-142所示，单击"确定"按钮，羽化选区。按Ctrl+J组合键，复制选区中的图像，生成新的图层"图层2",如图6-143所示。

图6-141

图6-142

图6-143

（11）按Ctrl+T组合键，图像周围出现变换框，在变换框中单击鼠标右键，在弹出的菜单中选择"变形"命令，向上拖曳左下颚部分，进行瘦脸调整，按Enter键确认操作，效果如图6-144所示。按Ctrl+E组合键，将两个图层合并，如图6-145所示。使用相同的方法调整人物脸部右侧，效果如图6-146所示。

图6-144

图6-145

图6-146

（12）选择"图像 > 调整 > 色阶"命令，在弹出的对话框中进行设置，如图6-147所示，单击"确定"按钮，效果如图6-148所示。

图6-147

图6-148

（13）按Ctrl + N组合键，新建一个文件，宽度为20.5厘米，高度为27.5厘米，分辨率为300像素/英寸，颜色模式为RGB，背景内容为白色。

（14）选择移动工具，将"01"图像拖曳到新建的图像窗口中适当的位置，如图6-149所示。此时，"图层"控制面板中会生成新的图层，将其命名为"人物"。

（15）按Ctrl + O组合键，打开本书学习资源中的"Ch06\素材\制作时尚杂志封面 > 02"文件。将"02"图像拖曳到新建的图像窗口中适当的位置，效果如图6-150所示，此时，"图层"控制面板中会生成新的图层，将其命名为"文字"。时尚杂志封面制作完成。

图6-149

图6-150

课堂练习——制作大头贴模板

【练习知识要点】使用污点修复画笔工具去除斑点，使用修复画笔工具修复眼角皱纹，最终效果如图6-151所示。

【效果所在位置】Ch06\效果\制作大头贴模板.psd。

图6-151

课后习题——制作美妆运营海报

【习题知识要点】使用仿制图章工具清除照片中的多余碎发，最终效果如图6-152所示。

【效果所在位置】Ch06\效果\制作美妆运营海报.psd。

图6-152

100

第 **7** 章

调色

本章介绍

　　图像的色调直接关系着图像表达的内容，不同的颜色倾向具有不同的表达效果。本章将介绍调色的概念与常用语、图像不足之处的调整方法和特殊色调的调色方法。通过对本章的学习，读者可以学会根据不同的需求应用多种调色命令制作出绚丽多彩的图像。

学习目标

◆ 了解调色的概念和常用语。

◆ 掌握不同的调色方法。

◆ 掌握常用的调色技巧。

技能目标

◆ 掌握画面暗淡图像的调整方法。

◆ 掌握偏色图像的调整方法。

◆ 掌握曝光不足图像的调整方法。

◆ 掌握特殊色调图像的调整方法。

◆ 掌握怀旧照片的制作方法。

7.1.1 调色的概念

由于数码相机本身原理和构造的特殊性，加之摄影者技术方面的原因，拍摄出来的照片往往存在曝光不足、画面黯淡、偏色等缺憾。在Photoshop中，使用调色命令可以解决原始照片的这些缺憾，还可以根据创作意图改变图像整体或局部的颜色等。

7.1.2 调色常用语

色彩的不同相貌称为色相，色彩的鲜艳程度称为饱和度，色彩的明暗程度称为明度。

图像中亮的区域称为高光，不太亮也不太暗的区域称为中间调，暗的区域称为阴影，如图7-1所示。

原图

高光

中间调

阴影

图7-1

色调是照片中色彩的倾向，一张照片中虽然有多种颜色，但总体有一种倾向，是偏蓝还是偏红，是偏冷或是偏暖等，如图7-2所示。

偏暖

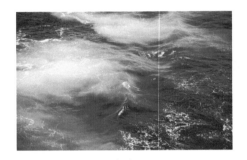
偏冷

图7-2

曝光过度的照片会呈现高色调效果，在人物摄影中可使皮肤色彩变淡、色调洁净，在风光摄影中会产生强烈、醒目的气氛。曝光不足的照片会呈现低色调效果，使人感觉沉稳、哀伤，如图7-3所示。

曝光过度

曝光不足

图7-3

7.2 调色实战

7.2.1 调整偏暗的图片

【案例学习目标】学习使用调色命令调整偏暗的图片。

【案例知识要点】使用色阶命令调整偏暗的图片，最终效果如图7-4所示。

【效果所在位置】Ch07\效果\调整偏暗的图片.psd。

图7-4

（1）按Ctrl+O组合键，打开本书学习资源中的"Ch07\素材\调整偏暗的图片\01"文件，如图7-5所示。

图7-5

（2）选择"图像>调整>色阶"命令，在弹出的对话框中进行设置，如图7-6所示，单击"确定"按钮，效果如图7-7所示。

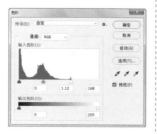

图7-6

图7-7

（3）按Ctrl+O组合键，打开本书学习资源中的"Ch07\素材\调整偏暗的图片\02"文件。选择移动工具，将"02"图像拖曳到"01"图像窗口中适当的位置，效果如图7-8所示。此时，"图层"控制面板中会生成新的图层，将其命名为"文字"。偏暗的图片调整完成。

图7-8

7.2.2 调整偏红的图片

【案例学习目标】学习使用调色命令调整偏红的图片。

【案例知识要点】使用曲线命令调整偏红的图片，最终效果如图7-9所示。

【效果所在位置】Ch07\效果\调整偏红的图片.psd。

图7-9

（1）按Ctrl+O组合键，打开本书学习资源中的"Ch07\素材\调整偏红的图片\01"文件，如图7-10所示。

图7-10

（2）选择"图像 > 调整 > 曲线"命令，在弹出的对话框中进行设置，单击"通道"选项右侧的-按钮，在弹出的下拉列表中选择"红"通道，在曲线上单击添加控制点，设置如图7-11所示，效果如图7-12所示。

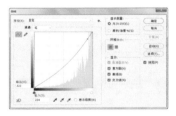

图7-11 　　　　　　　　　图7-12

（3）单击"通道"选项右侧的-按钮，在弹出的下拉列表中选择"RGB"通道，在曲线上单击添加控制点，设置如图7-13所示，单击"确定"按钮，效果如图7-14所示。偏红的图片调整完成。

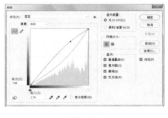

图7-13 　　　　　　　　　图7-14

7.2.3　调整偏绿的图片

【案例学习目标】学习使用调色命令调整偏绿的图片。

【案例知识要点】使用曲线命令调整偏绿的图片，最终效果如图7-15所示。

【效果所在位置】Ch07\效果\调整偏绿的图片.psd。

（1）按Ctrl+O组合键，打开本书学习资源中的"Ch07\素材\调整偏绿的图片\01"文件，如图7-16所示。

图7-15 　　　　　　　　　图7-16

（2）选择"图像 > 调整 > 曲线"命令，在弹出的对话框中进行设置，单击"通道"选项右侧的∨按钮，在弹出的下拉列表中选择"红"通道，在曲线上单击添加控制点，设置如图7-17所示，效果如图7-18所示。

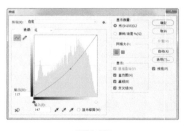

图7-17 　　　　　　　　　图7-18

（3）单击"通道"选项右侧的-按钮，在弹出的下拉列表中选择"蓝"通道，在曲线上单击添加控制点，设置如图7-19所示，单击"确定"按钮，效果如图7-20所示。

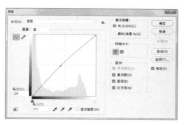

图7-19　　　　　　　　图7-20

（4）按Ctrl＋O组合键，打开本书学习资源中的"Ch07\素材\调整偏绿的图片\02"文件。选择移动工具 ⊕.，将"02"图像拖曳到"01"图像窗口中适当的位置，效果如图7-21所示。此时，"图层"控制面板中会生成新的图层，将其命名为"文字"。偏绿的图片调整完成。

图7-21

7.2.4　调整不饱和的图片

【案例学习目标】学习使用调色命令调整不饱和的图片。

【案例知识要点】使用色相/饱和度命令调整不饱和的图片，最终效果如图7-22所示。

【效果所在位置】Ch07\效果\调整不饱和的图片.psd。

图7-22

（1）按Ctrl+N组合键，弹出"新建文档"对话框，设置宽度为38厘米，高度为38厘米，分辨率为72像素/英寸，颜色模式为RGB，背景

内容为紫色（146，2，220），单击"创建"按钮，新建一个文件，如图7-23所示。

（2）按Ctrl＋O组合键，打开本书学习资源中的"Ch07\素材\调整不饱和的图片\01"文件。将"01"图像拖曳到新建的图像窗口中适当的位置，效果如图7-24所示。"图层"控制面板中会生成新的图层，将其命名为"人物"。

图7-23　　　　　　　　图7-24

（3）选择"图像＞调整＞色相/饱和度"命令，在弹出的对话框中进行设置，如图7-25所示，单击"确定"按钮，效果如图7-26所示。

图7-25

（4）按Ctrl＋O组合键，打开本书学习资源中的"Ch07\素材\调整不饱和的图片\02"文件。选择移动工具 ⊕.，将"02"图像拖曳到新建的图像窗口中适当的位置，效果如图7-27所示。"图层"控制面板中会生成新的图层，将其命名为"文字"。不饱和的图片调整完成。

图7-26　　　　　　　　图7-27

7.2.5 调整曝光不足的图片

【案例学习目标】学习使用调色命令调整曝光不足的图片。

【案例知识要点】使用色相/饱和度命令和阴影/高光命令调整曝光不足的图片，最终效果如图7-28所示。

【效果所在位置】Ch07\效果\调整曝光不足的图片.psd。

图7-28

（1）按Ctrl+N组合键，弹出"新建文档"对话框，设置宽度为28厘米，高度为28厘米，分辨率为72像素/英寸，颜色模式为RGB，背景内容为白色，单击"创建"按钮，新建一个文件。

（2）按Ctrl+O组合键，打开本书学习资源中的"Ch07\素材\调整曝光不足的图片\01"文件。选择移动工具 ÷.，将"01"图像拖曳到新建的图像窗口中适当的位置，效果如图7-29所示。此时，"图层"控制面板中会生成新的图层，将其命名为"包包"。

（3）选择"图像 > 调整 > 色相/饱和度"命令，在弹出的对话框中进行设置，如图7-30所示。

图7-29

图7-30

（4）选择"红色"颜色范围，选项的设置如图7-31所示。选择"黄色"颜色范围，选项的设置如图7-32所示。

图7-31   图7-32

（5）选择"青色"颜色范围，选项的设置如图7-33所示。选择"蓝色"颜色范围，选项的设置如图7-34所示。

图7-33   图7-34

（6）选择"洋红"颜色范围，选项的设置如图7-35所示。单击"确定"按钮，效果如图7-36所示。

图7-35   图7-36

（7）选择"图像 > 调整 > 阴影/高光"命令，在弹出的对话框中进行设置，如图7-37所示，单击"确定"按钮，效果如图7-38所示。

图7-37

图7-38

（8）单击"图层"控制面板下方的"添加图层样式"按钮 *fx*，在弹出的菜单中选择"投影"命令，在弹出的对话框中进行设置，如图7-39所示，单击"确定"按钮，效果如图7-40所示。曝光不足的图片调整完成。

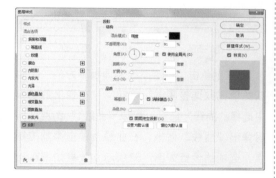

图7-39

图7-40

7.2.6 高贵项链

【案例学习目标】学习使用调色命令制作高贵项链。

【案例知识要点】使用图层控制面板、可选颜色调整层、色彩平衡调整层和曲线调整层调整高光，使用画笔工具添加亮光，使用横排

文字工具添加文字，最终效果如图7-41所示。

【效果所在位置】Ch07\效果\高贵项链.psd。

图7-41

（1）按Ctrl + O组合键，打开本书学习资源中的"Ch07\素材\高贵项链\01"文件，如图7-42所示。按Alt+Ctrl+2组合键，载入图像高光区域选区，如图7-43所示。

| 图7-42 | 图7-43 |

（2）按Shift+Ctrl+I组合键，反选选区，如图7-44所示。按Ctrl+J组合键，复制选区中的图像，生成新的图层"图层1"。

图7-44

（3）在"图层"控制面板中，将该图层的混合模式选项设为"滤色"，"不透明度"选项设为30%，如图7-45所示，图像效果如图7-46所示。

| 图7-45 | 图7-46 |

（4）单击"图层"控制面板下方的"创建新的填充或调整图层"按钮 ◑，在弹出的菜单中选择"可选颜色"命令，生成"选取颜色1"图层。同时弹出"可选颜色"面板，"颜色"选择"蓝色"，其他选项的设置如图7-47所示；"颜色"选择"白色"，其他选项的设置如图7-48所示；颜色选择"黑色"，其他选项的设置如图7-49所示。效果如图7-50所示。

图7-47

图7-48　　　　图7-49　　　　图7-50

（5）单击"图层"控制面板下方的"创建新的填充或调整图层"按钮 ◑，在弹出的菜单中选择"色彩平衡"命令，生成"色彩平衡1"图层。同时弹出"色彩平衡"面板，"色调"选择"阴影"，其他选项的设置如图7-51所示；"色调"选择"高光"，其他选项的设置如图7-52所示。效果如图7-53所示。

图7-51

图7-52　　　　　　　　图7-53

（6）按Alt+Shift+Ctrl+E组合键，盖印图层，生成新的图层"图层2"，如图7-54所示。按Alt+Ctrl+2组合键，载入图像高光区域选区，如图7-55所示。按Shift+Ctrl+I组合键，反选选区，如图7-56所示。

图7-54

图7-55　　　　　　图7-56

（7）单击"图层"控制面板下方的"创建新的填充或调整图层"按钮 ◑，在弹出的菜单中选择"曲线"命令，生成"曲线1"图层。同时弹出"曲线"面板，在曲线上单击添加控制点，选项的设置如图7-57所示，效果如图7-58所示。

图7-57　　　　　　图7-58

（8）单击"图层"控制面板下方的"创建新的填充或调整图层"按钮 ◑，在弹出的菜单中选择"色阶"命令，生成"色阶1"图层。同时弹出"色阶"面板，选项的设置如图7-59所示，效果如图7-60所示。

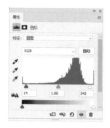

图7-59　　　　　图7-60

（9）按Alt+Shift+Ctrl+E组合键，盖印可见层，生成新的图层"图层3"，如图7-61所示。将前景色设为白色。选择画笔工具，在属性栏中单击"画笔"选项右侧的按钮，弹出画笔选择面板，选择"旧版画笔 > 混合画笔 > 交叉排线4"画笔形状，将"大小"选项设为150像素，如图7-62所示。在属性栏中将"不透明度"选项设为60%，在图像窗口中的项链上单击绘制高光图形，效果如图7-63所示。

图7-61

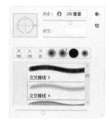

图7-62　　　　　图7-63

（10）按Ctrl+J组合键，复制图层，生成新的图层"图层3 拷贝"。将该图层的混合模式选项设为"柔光"，"不透明度"选项设为80%，如图7-64所示，图像效果如图7-65所示。

图7-64

（11）选择横排文字工具 T，输入需要的文字并选取文字，在属性栏中选择合适的字体并设置文字大小，设置文字颜色为白色，效果如图7-66所示。高贵项链制作完成。

图7-65　　　　　图7-66

7.2.7　夏日风景照

【案例学习目标】学习使用调色命令制作夏日风景照。

【案例知识要点】使用曲线命令、色彩平衡命令和可选颜色命令调整图片色调，使用横排文字工具添加文字，最终效果如图7-67所示。

【效果所在位置】Ch07\效果\夏日风景照.psd。

图7-67

（1）按Ctrl + O组合键，打开本书学习资源中的"Ch07\素材\夏日风景照\01"文件，如图7-68所示。按Ctrl+J组合键，复制背景图层，生成新的图层"图层1"，如图7-69所示。

图7-68　　　　　图7-69

（2）选择"图像＞调整＞曲线"命令，在弹出的对话框中进行设置，在曲线上单击添加控制点，设置如图7-70所示。单击"通道"选项，在弹出的下拉列表中选择"绿"通道，在曲线上单击添加控制点，设置如图7-71所示。使用相同的方法再次添加一个控制点，设置如图7-72所示。单击"确定"按钮，效果如图7-73所示。

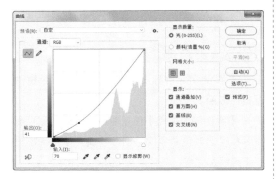

图7-70

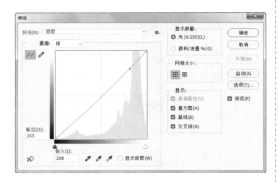

图7-71

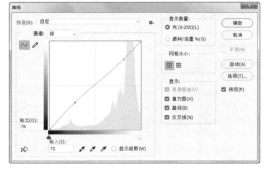

图7-72

图7-73

（3）选择"图像＞调整＞可选颜色"命令，在弹出的对话框中进行设置，如图7-74所示。单击"颜色"选项右侧的∨按钮，在弹出的下拉列表中选择"黄色"选项，其他选项的设置如图7-75所示。单击"颜色"选项右侧的∨按钮，在弹出的下拉列表中选择"绿色"选项，其他选项的设置如图7-76所示。单击"确定"按钮，效果如图7-77所示。

图7-74　　　　　　图7-75

图7-76

图7-77

（4）选择"图像＞调整＞色彩平衡"命令，在弹出的对话框中进行设置，如图7-78所示。选中"阴影"单选项，其他选项的设置如图7-79所示。选中"高光"单选项，其他选项的设置如图7-80所示。单击"确定"按钮，效果如图7-81所示。

图7-78　　　　　　图7-79

图7-80　　　　　　图7-81

（5）选择横排文字工具 **T.**，输入需要的文字并选取文字，在属性栏中选择合适的字体并设置文字大小，设置文字颜色为黑色，效果如图7-82所示。夏日风景照制作完成。

图7-82

7.2.8　唯美风景画

【案例学习目标】学习使用调色命令调整风景画的颜色。

【案例知识要点】使用通道混合器命令、黑白命令和色相/饱和度命令调整图片，最终效果如图7-83所示。

【效果所在位置】Ch07\效果\唯美风景画.psd。

图7-83

（1）按Ctrl＋O组合键，打开本书学习资源中的"Ch07\素材\唯美风景画\01"文件，如图7-84所示。按Ctrl+J组合键，复制背景图层，生成新的图层"图层1"，如图7-85所示。

图7-84　　　　　　图7-85

（2）选择"图像 > 调整 > 通道混合器"命令，在弹出的对话框中进行设置，如图7-86所示，单击"确定"按钮，效果如图7-87所示。

图7-86　　　　　　图7-87

（3）按Ctrl+J组合键，复制"图层1"图层，生成新的图层并将其命名为"黑白"，如图7-88所示。

图7-88

（4）选择"图像 > 调整 > 黑白"命令，在弹出的对话框中进行设置，如图7-89所示，单击"确定"按钮，效果如图7-90所示。

图7-89

图7-90

图7-92

图7-93

（5）将"黑白"图层的混合模式选项设为"滤色"，如图7-91所示，图像效果如图7-92所示。按Alt+Shift+Ctrl+E组合键，盖印图层，生成新的图层并将其命名为"效果"，如图7-93所示。

图7-91

（6）选择"图像 > 调整 > 色相/饱和度"命令，在弹出的对话框中进行设置，如图7-94所示，单击"确定"按钮，效果如图7-95所示。唯美风景画制作完成。

图7-94

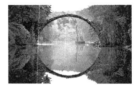

图7-95

7.3 综合实例——制作怀旧照片

【案例学习目标】学习使用应用图像命令和调色命令制作怀旧照片。

【案例知识要点】使用应用图像命令和色阶命令调整图片的颜色，使用亮度/对比度命令调整图片的亮度，使用横排文字工具输入需要的文字，最终效果如图7-96所示。

【效果所在位置】Ch07\效果\制作怀旧照片.psd。

图7-96

（1）按Ctrl＋O组合键，打开本书学习资源中的"Ch07\素材\制作怀旧照片\01"文件，如图7-97所示。按Ctrl+J组合键，复制背景图层，生成新的图层"图层1"，如图7-98所示。

图7-97

图7-98

（2）选择"通道"控制面板，选中"蓝"通道，如图7-99所示。选择"图像 > 应用图像"命令，在弹出的对话框中进行设置，如图7-100所示，单击"确定"按钮，效果如图7-101所示。

图7-99

图7-100　　　　　图7-101

（3）选中"绿"通道。选择"图像 > 应用图像"命令，在弹出的对话框中进行设置，如图7-102所示，单击"确定"按钮，效果如图7-103所示。

图7-102　　　　　图7-103

（4）选中"红"通道。选择"图像 > 应用图像"命令，在弹出的对话框中进行设置，如图7-104所示，单击"确定"按钮，效果如图7-105所示。

图7-104　　　　　图7-105

（5）选中"蓝"通道。选择"图像 > 调整 > 色阶"命令，在弹出的对话框中进行设置，如图7-106所示，单击"确定"按钮，效果如图7-107所示。

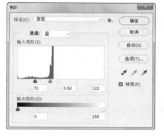

图7-106　　　　　图7-107

（6）选中"绿"通道。选择"图像 > 调整 > 色阶"命令，在弹出的对话框中进行设置，如图7-108所示，单击"确定"按钮，效果如图7-109所示。

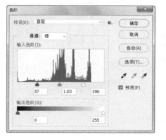

图7-108　　　　　图7-109

（7）选中"红"通道。选择"图像 > 调整 > 色阶"命令，在弹出的对话框中进行设置，如

图7-110所示，单击"确定"按钮，效果如图7-111所示。选中"RGB"通道，效果如图7-112所示。

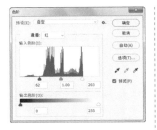

图7-110

图7-111

图7-112

（8）选择"图像 > 调整 > 亮度/对比度"命令，在弹出的对话框中进行设置，如图7-113所示，单击"确定"按钮，效果如图7-114所示。

图7-113　　　　图7-114

（9）按Ctrl + O组合键，打开本书学习资源中的"Ch07\素材\制作怀旧照片\02"文件。选择移动工具 ⊕，将"02"图像拖曳到"01"图像窗口中适当的位置，效果如图7-115所示。此

时，"图层"控制面板中会生成新的图层，将其命名为"边框"。

图7-115

（10）选择横排文字工具 T，输入需要的文字并选取文字，在属性栏中选择合适的字体并设置文字大小，设置文字颜色为黑色，效果如图7-116所示。使用相同的方法再次输入文字，效果如图7-117所示。

（11）按住Shift键的同时，单击"回忆"图层，将需要的文字图层同时选取。按Ctrl+T组合键，文字周围出现变换框，将鼠标指针放在变换框的控制手柄外边，指针变为旋转图标 ↱，拖曳鼠标将文字旋转到适当的角度，按Enter键确认操作，效果如图7-118所示。怀旧照片制作完成。

图7-116

图7-117　　　　图7-118

课堂练习——制作城市风景照片

【练习知识要点】使用色彩平衡命令和可选颜色命令调整图片颜色，使用横排文字工具添加标题文字，最终效果如图7-119所示。

【效果所在位置】Ch07\效果\制作城市风景照片.psd。

图7-119

课后习题——制作艺术写真照片

【习题知识要点】使用去色命令去除图片颜色，使用色彩平衡命令制作艺术写真照片，最终效果如图7-120所示。

【效果所在位置】Ch07\效果\制作艺术写真照片.psd。

图7-120

第 **8** 章

合成

本章介绍

在Photoshop中，可以应用相关工具将原本不可能在一起的东西合成到一起，制作出各种精美的图像。本章将讲解使用多种工具将图像合成的方法。通过对本章的学习，读者可以掌握图像的基本合成方法，为今后的设计工作打下基础。

学习目标

◆ 了解合成的概念和形式。

◆ 掌握不同的图像合成方法。

◆ 掌握常用的图像合成技巧。

技能目标

◆ 掌握涂鸦效果的制作方法。

◆ 掌握贴合图片的方法。

◆ 掌握标识的添加方法。

◆ 掌握组合图像的制作方法。

◆ 掌握手绘和镂空图形的制作方法。

◆ 掌握纹理的贴合和应用方法。

◆ 掌握豆浆机广告的制作方法。

8.1　合成基础

8.1.1　合成的概念

合成是将两幅及两幅以上的图像使用适当的合成工具合并成一幅图像，制作出符合设计者要求的独特设计效果，如图8-1所示。

图8-1

8.1.2　合成的形式

合成按拼合形式的不同，分为3种：由多个纹理或材质的图像拼合而成的图像；将具有相同光源、定位和视角的图像拼合而成的图像；以独立标签的形式打开拼合而成的图像，如图8-2所示。

图8-2

8.2　合成实战

8.2.1　涂鸦效果

【案例学习目标】学习使用合成工具和面板制作涂鸦效果。

【案例知识要点】使用色阶调整层调整背景图片，使用多边形套索工具、扭曲命令和图层的混合模式为墙壁添加涂鸦，使用曲线调整层调整涂鸦，最终效果如图8-3所示。

【效果所在位置】Ch08\效果\涂鸦效果.psd。

图8-3

（1）按Ctrl+O组合键，打开本书学习资源中的"Ch08\素材\涂鸦效果\01"文件，如图8-4所示。

图8-4

（2）单击"图层"控制面板下方的"创建新的填充或调整图层"按钮，在弹出的菜单中选择"色阶"命令，在"图层"控制面板中生成"色阶1"图层。同时弹出"色阶"面板，设置如图8-5所示，效果如图8-6所示。

图8-5

图8-6

（3）选中"背景"图层。选择多边形套索工具 ，在图像窗口中沿着墙壁边缘单击绘制选区，如图8-7所示。按Ctrl+J组合键，复制选区中的图像，生成新的图层并将其命名为"墙面"，如图8-8所示。将"墙面"图层拖曳到"色阶1"图层的上方，调整图层顺序，如图8-9所示。

图8-7

图8-8

图8-9

（4）按Ctrl+O组合键，打开本书学习资源中的"Ch08\素材\涂鸦效果\02"文件。选择移动工具 ，将"02"图像拖曳到"01"图像窗口中适当的位置并调整大小，效果如图8-10所示。此时，"图层"控制面板中会生成新的图层，将其命名为"涂鸦"。

（5）按Ctrl+T组合键，图像周围出现变换框，在变换框中单击鼠标右键，在弹出的菜单中选择"扭曲"命令，拖曳变换框四角的控制手柄调整图像，使其与墙壁贴合，按Enter键确认操作，效果如图8-11所示。

图8-10

图8-11

（6）在"图层"控制面板中，将"涂鸦"图层的混合模式选项设为"颜色加深"，如图8-12所示，图像效果如图8-13所示。

图8-12

图8-13

（7）选中"墙面"图层。选择多边形套索工具 ，在属性栏中选中"添加到选区"按钮 ，在图像窗口中沿着广告牌边缘单击绘制选区，如图8-14所示。按Ctrl+J组合键，复制选区中的图像，生成新的图层并将其命名为"广告牌"，如图8-15所示。将"广告牌"图层拖曳到"涂鸦"图层的上方，调整图层顺序，如图8-16所示。

图8-14

图8-15

图8-16

（8）单击"图层"控制面板下方的"创建新的填充或调整图层"按钮，在弹出的菜单中选择"曲线"命令，在"图层"控制面板中生成"曲线1"图层。同时弹出"曲线"面板，单击按钮，在曲线上单击添加控制点，设置如图8-17所示。再次添加一个控制点，设置如图8-18所示，效果如图8-19所示。涂鸦效果制作完成。

图8-17

图8-18

图8-19

8.2.2 贴合图片

【案例学习目标】学习使用合成工具和面板贴合图片。

【案例知识要点】使用减淡工具、加深工具和模糊工具制作贴合图片，最终效果如图8-20所示。

【效果所在位置】Ch08\效果\贴合图片.psd。

图8-20

（1）按Ctrl+O组合键，打开本书学习资源中的"Ch08\素材\贴合图片\01、02"文件。选

择移动工具，将"02"图像拖曳到"01"图像窗口中适当的位置，效果如图8-21所示。此时，"图层"控制面板中会生成新的图层，将其命名为"表情"，如图8-22所示。

图8-21　　　　图8-22

（2）选择减淡工具，在属性栏中单击"画笔"选项右侧的按钮，弹出画笔选择面板，设置如图8-23所示，在图像窗口中进行涂抹，调亮表情亮部，效果如图8-24所示。

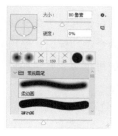

图8-23　　　　图8-24

（3）选择加深工具，在属性栏中单击"画笔"选项右侧的按钮，弹出画笔选择面板，设置如图8-25所示，在图像窗口中进行涂抹，调暗表情暗部，效果如图8-26所示。

图8-25　　　　图8-26

（4）选择模糊工具 ◯.，在属性栏中单击"画笔"选项右侧的 按钮，弹出画笔选择面板，设置如图8-27所示，在图像窗口中的表情边缘拖曳鼠标模糊图像，效果如图8-28所示。贴合图片制作完成。

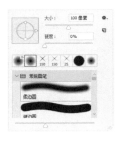
图8-27

图8-28

8.2.3 添加标识

【案例学习目标】学习使用合成工具和面板添加标识。

【案例知识要点】使用自定形状工具、转换为智能对象命令和变形命令添加标识，使用投影命令制作标识投影，使用移动工具添加边框，最终效果如图8-29所示。

【效果所在位置】Ch08\效果\添加标识.psd。

图8-29

（1）按Ctrl+N组合键，弹出"新建文档"对话框，设置宽度为800像素，高度为800像素，分辨率为72像素/英寸，颜色模式为RGB，背景内容为白色，单击"创建"按钮，新建一个文件。

（2）按Ctrl+O组合键，打开本书学习资源中的"Ch08\素材\添加标识\01"文件。选择移动工具 ⊕.，将"01"图像拖曳到新建的图像窗口中适当的位置并调整大小，效果如图8-30所示。此时，"图层"控制面板中会生成新的图层，将其命名为"产品"。

（3）选择自定形状工具 ⊿.，单击属性栏中的"形状"选项右侧的 按钮，弹出"形状"面板，选择需要的图形，如图8-31所示。在属性栏的"选择工具模式"选项中选择"形状"，在图像窗口中适当的位置绘制图形。此时，"图层"控制面板中会生成新的形状图层，将其命名为"标识"，如图8-32所示，效果如图8-33所示。

图8-30

图8-31

图8-32　　　　　　　图8-33

（4）在"标识"图层上单击鼠标右键，在弹出的菜单中选择"转换为智能对象"命令，将形状图层转换为智能对象图层，如图8-34所示。按Ctrl+T组合键，图像周围出现变换框，在变换框中单击鼠标右键，在弹出的菜单中选择"变形"命令，拖曳控制手柄调整形状，按Enter键确认操作，效果如图8-35所示。

图8-34　　　　　　　　　　图8-35

（5）双击"标识"图层的缩览图，将智能对象在新窗口中打开，如图8-36所示。按Ctrl+O组合键，打开本书学习资源中的"Ch08\素材\添加标识\02"文件。选择移动工具 ⊕，将"02"图像拖曳到"标识"图像窗口中适当的位置并调整大小，效果如图8-37所示。

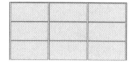

图8-36　　　　　　　　　　图8-37

（6）单击"标识"图层左侧的眼睛图标 ◉，隐藏该图层，如图8-38所示。按Ctrl+S组合键，存储图像，并关闭文件。返回新建的图像窗口中，如图8-39所示。

图8-38　　　　　　　　　　图8-39

（7）单击"图层"控制面板下方的"添加图层样式"按钮 ⨍，在弹出的菜单中选择"投影"命令，在弹出的对话框中进行设置，如图8-40所示，单击"确定"按钮，效果如图8-41所示。

（8）按Ctrl+O组合键，打开本书学习资源中的"Ch08\素材\添加标识\03"文件。选择移动工具 ⊕，将"03"图像拖曳到新建的图像窗口中适当的位置，效果如图8-42所示。此时，"图层"控制面板中会生成新的图层，将其命名为"边框"。添加标识制作完成。

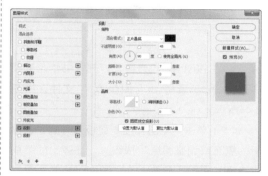

图8-40

图8-41　　　　　　　　　　图8-42

8.2.4　组合图像

【案例学习目标】学习使用填充和调整图层组合图像。

【案例知识要点】使用图案填充命令、图层的混合模式和不透明度制作底纹，使用色阶调整层调整背景颜色，使用横排文字工具、字符面板和图层样式制作文字，最终效果如图8-43所示。

【效果所在位置】Ch08\效果\组合图像.psd。

图8-43

（1）按Ctrl+O组合键，打开本书学习资源中的"Ch08\素材\组合图像\01"文件，如图8-44所示。

（2）单击"图层"控制面板下方的"创建新的填充或调整图层"按钮 ，在弹出的菜单中选择"图案"命令，在"图层"控制面板中生成"图案填充1"图层。同时弹出"图案填充"对话框，单击"图案"选项右侧的 按钮，弹出图案面板，单击右上方的 按钮，在弹出的菜单中选择"彩色纸"命令，弹出提示对话框，如图8-45所示，单击"追加"按钮。

图8-44　　　　　　　图8-45

（3）在面板中选择需要的图案，如图8-46所示，其他选项的设置如图8-47所示。单击"确定"按钮，效果如图8-48所示。

图8-46

图8-47　　　　　　　图8-48

（4）在"图层"控制面板中，将"图案填充1"图层的混合模式选项设为"划分"，"不透明度"选项设为60%，如图8-49所示，效果如图8-50所示。

图8-49　　　　　　　图8-50

（5）单击"图层"控制面板下方的"创建新的填充或调整图层"按钮 ，在弹出的菜单中选择"色阶"命令，在"图层"控制面板中生成"色阶1"图层。同时弹出"色阶"面板，选项的设置如图8-51所示，效果如图8-52所示。

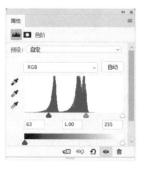

图8-51　　　　　　　图8-52

（6）按Ctrl+O组合键，打开本书学习资源中的"Ch08\素材\组合图像\02、03"文件，选择移动工具 ，分别将"02""03"图像拖曳到"01"图像窗口中适当的位置，效果如图8-53所示。此时，"图层"控制面板中会生成新的图层，将其分别命名为"彩带"和"城堡"，如图8-54所示。

图8-53　　　　　　　　图8-54

（7）单击"图层"控制面板下方的"添加图层样式"按钮 ，在弹出的菜单中选择"投影"命令，在弹出的对话框中进行设置，如图8-55所示，单击"确定"按钮，效果如图8-56所示。

图8-55　　　　　　　　图8-56

（8）选择横排文字工具 ，输入需要的文字并选取文字，在属性栏中选择合适的字体并设置文字大小，设置文字颜色为浅黄色（255，246，199），按Alt+←组合键，调整文字间距，效果如图8-57所示。使用相同的方法再次输入文字，效果如图8-58所示。

图8-57　　　　　　　　图8-58

（9）选中"美食城堡"文字图层。单击"图层"控制面板下方的"添加图层样式"按钮 ，在弹出的菜单中选择"斜面和浮雕"命令。弹出对话框，将"阴影模式"颜色设为棕色（61，39，1），其他选项的设置如图8-59所示。选择"描边"选项，切换到相应的对话框，将描边颜色设为浅棕色（179，141，110），其他选项的设置如图8-60所示。单击"确定"按钮，效果如图8-61所示。

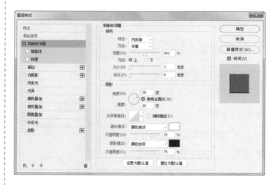

图8-59

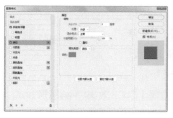

图8-60　　　　　　　　图8-61

（10）选择横排文字工具 T，在需要的位置单击插入光标，如图8-62所示。选择"窗口 > 字符"命令，弹出"字符"面板，将"设置两个字符间的字距微调"选项 V/A 0 设为 -640，效果如图8-63所示。

（11）使用上述的方法，输入需要的文字并选取文字，在属性栏中选择合适的字体并设置文字大小，设置文字颜色为浅黄色（255，246，199），效果如图8-64所示。组合图像制作完成。

图8-62

图8-63

图8-64

8.2.5 手绘图形

【案例学习目标】
学习使用合成工具和面板制作手绘图形。

【案例知识要点】
使用高反差保留命令和阈值命令调整人物图片，使用色阶命令、色相/饱和度命令、自然饱和度命令和画笔工具修饰图像并为图像调色，最终效果如图8-65所示。

图8-65

【效果所在位置】Ch08\效果\手绘图形.psd。

（1）按Ctrl+O组合键，打开本书学习资源中的"Ch08\素材\手绘图形\01"文件，如图8-66所示。按Ctrl+J组合键，复制背景图层，生成新的图层"图层 1"，如图8-67所示。在"图层1"上单击鼠标右键，在弹出的菜单中选择"转换为智能对象"命令，将图层转换为智能对象图层，如图8-68所示。

图8-66

图8-67   图8-68

（2）选择"滤镜 > 其他 > 高反差保留"命令，在弹出的对话框中进行设置，如图8-69所示，单击"确定"按钮，效果如图8-70所示。

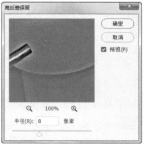

图8-69   图8-70

（3）选择"图像 > 调整 > 阈值"命令，在弹出的对话框中进行设置，如图8-71所示，单击"确定"按钮，效果如图8-72所示。

图8-71 图8-72

（4）在"图层"控制面板中，将"图层1"图层的混合模式选项设为"颜色减淡"，如图8-73所示，效果如图8-74所示。按Alt+Shift+Ctrl+E组合键，盖印图层，生成新的图层"图层2"，如图8-75所示，效果如图8-76所示。

图8-73 图8-74

图8-75 图8-76

（5）将前景色设为白色。选择画笔工具 ，在属性栏中单击"画笔"选项右侧的 按钮，弹出画笔选择面板，设置如图8-77所示，在图像窗口中进行涂抹，擦除不需要的图像，效果如图8-78所示。

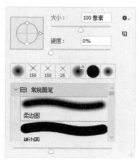

图8-77 图8-78

（6）单击"图层"控制面板下方的"创建新的填充或调整图层"按钮 ，在弹出的菜单中选择"色阶"命令，在"图层"控制面板中生成"色阶1"图层。同时弹出"色阶"面板，选项的设置如图8-79所示，效果如图8-80所示。

图8-79 图8-80

（7）单击"图层"控制面板下方的"创建新的填充或调整图层"按钮 ，在弹出的菜单中选择"色相/饱和度"命令，在"图层"控制面板中生成"色相/饱和度1"图层。同时弹出"色相/饱和度"面板，选项的设置如图8-81所示，效果如图8-82所示。

图8-81　　　　　　　　图8-82

（8）单击"图层"控制面板下方的"创建新的填充或调整图层"按钮 ●，在弹出的菜单中选择"自然饱和度"命令，在"图层"控制面板中生成"自然饱和度1"图层。同时弹出"自然饱和度"面板，选项的设置如图8-83所示，效果如图8-84所示。

图8-83　　　　　　　　图8-84

（9）按Alt+Shift+Ctrl+E组合键，盖印图层，生成新的图层"图层3"，如图8-85所示，效果如图8-86所示。手绘图形制作完成。

图8-85　　　　　　　　图8-86

8.2.6　镂空图形

【案例学习目标】学习使用矢量蒙版制作镂空图形。

【案例知识要点】使用矢量蒙版制作镂空图形，使用图层样式为图片添加特殊效果，最终效果如图8-87所示。

【效果所在位置】Ch08\效果\镂空图形.psd。

图8-87

（1）按Ctrl+O组合键，打开本书学习资源中的"Ch08\素材\镂空图形\01、02"文件。选择移动工具 +，，将"02"图像拖曳到"01"图像窗口中适当的位置，效果如图8-88所示。此时，"图层"控制面板中会生成新的图层，将其命名为"图片"，如图8-89所示。

图8-88　　　　　　　　图8-89

（2）按Ctrl+T组合键，图像周围出现变换框，将鼠标指针放在变换框的控制手柄外边，指针变为旋转图标 ↰，拖曳鼠标将图像旋转到适当的角度，按Enter键确认操作，效果如图8-90所示。

（3）选择自定形状工具 ⬠，单击属性栏中的"形状"选项右侧的 按钮，弹出"形状"面板，单击面板右上方的 ❖ 按钮，在弹出的菜单中选择"全部"选项，弹出提示对话框，单击"追加"按钮，如图8-91所示。

图8-90   图8-91

（4）在"形状"面板中选择需要的图形，如图8-92所示。在属性栏的"选择工具模式"选项中选择"路径"，在图像窗口中适当的位置绘制路径，效果如图8-93所示。选择"图层 > 矢量蒙版 > 当前路径"命令，创建矢量蒙版，效果如图8-94所示。

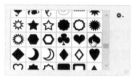

图8-92

图8-93   图8-94

（5）单击"图层"控制面板下方的"添加图层样式"按钮，在弹出的菜单中选择"描边"命令。弹出对话框，将描边颜色设为粉色（255，206，199），其他选项的设置如图8-95所示。选择"内阴影"选项，切换到相应的对话框，选项的设置如图8-96所示，单击"确定"按钮，效果如图8-97所示。

图8-95

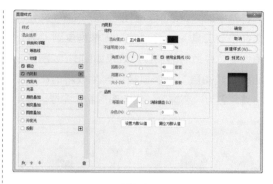

图8-96

图8-97

（6）在"图层"控制面板中单击矢量蒙版缩览图，进入蒙版编辑状态，如图8-98所示。选择自定形状工具，单击属性栏中的"形状"选项右侧的按钮，弹出"形状"面板，选择需要的图形，如图8-99所示。在图像窗口中适当的位置绘制路径，效果如图8-100所示。

图8-98

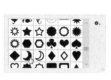

图8-99   图8-100

（7）使用相同的方法绘制其他路径，效果如图8-101所示。按Ctrl+O组合键，打开本书学习资源中的"Ch08\素材\镂空图形\03"文件。选择移动工具⊕，将"03"图像拖曳到"01"图像窗口中适当的位置，效果如图8-102所示。此时，"图层"控制面板中会生成新的图层，将其命名为"装饰"。镂空图形制作完成。

图8-101　　　　　　图8-102

8.2.7　贴合纹理

【案例学习目标】学习使用混合模式制作图片的融合效果。

【案例知识要点】使用移动工具和混合模式制作图片的融合效果，使用图层蒙版和画笔工具调整图片的融合效果，最终效果如图8-103所示。

【效果所在位置】Ch08\效果\贴合纹理.psd。

图8-103

（1）按Ctrl+N组合键，弹出"新建文档"对话框，设置宽度为750像素，高度为1181像素，分辨率为72像素/英寸，颜色模式为RGB，背景内容为白色，单击"创建"按钮，新建一个文件。

（2）按Ctrl+O组合键，打开本书学习资源中的"Ch08\素材\贴合纹理\01、02"文件。选择移动工具⊕，将"01""02"图像分别拖曳到新建的图像窗口中适当的位置并调整大小，效果如图8-104所示。此时，"图层"控制面板中会生成新的图层，将其分别命名为"人物"和"风景"。在"图层"控制面板上方，将

"风景"图层的混合模式选项设为"强光"，如图8-105所示，效果如图8-106所示。

图8-104　　　图8-105　　　图8-106

（3）单击"图层"控制面板下方的"添加图层蒙版"按钮 ▢，为"风景"图层添加图层蒙版，如图8-107所示。

（4）将前景色设为黑色。选择画笔工具 ✐，在属性栏中单击"画笔"选项右侧的 ˅ 按钮，弹出画笔选择面板，选项的设置如图8-108所示。在属性栏中将"不透明度"选项设为47%，"流量"选项设为59%，"平滑"选项设为49%，在图像窗口中进行涂抹，擦除不需要的图像，效果如图8-109所示。

图8-107

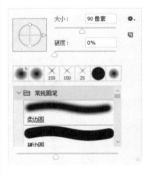

图8-108　　　　　　图8-109

（5）按Ctrl+O组合键，打开本书学习资源中的"Ch08\素材\贴合纹理\03"文件。选择移动工具⊕，将"03"图像拖曳到新建的图像窗口中适当的位置并调整大小，效果如图8-110所示。此

时，"图层"控制面板中会生成新的图层，将其命名为"森林"。在"图层"控制面板上方，将"森林"图层的混合模式选项设为"变亮"，如图8-111所示，效果如图8-112所示。

图8-110　　　　图8-111　　　　图8-112

（6）单击"图层"控制面板下方的"添加图层蒙版"按钮 ▫，为"森林"图层添加图层蒙版，如图8-113所示。选择画笔工具 ✐，在图像窗口中进行涂抹，擦除不需要的图像，效果如图8-114所示。

图8-113　　　　　　图8-114

（7）按Ctrl+O组合键，打开本书学习资源中的"Ch08\素材\贴合纹理\04"文件。选择移动工具 ✛，将"04"图像拖曳到新建的图像窗口中适当的位置并调整大小，效果如图8-115所示。此时，"图层"控制面板中会生成新的图层，将其命名为"云"。在"图层"控制面板上方，将"云"

图8-115

图层的混合模式选项设为"点光"，如图8-116所示，效果如图8-117所示。

图8-116　　　　图8-117

（8）单击"图层"控制面板下方的"添加图层蒙版"按钮 ▫，为"云"图层添加图层蒙版，如图8-118所示。选择画笔工具 ✐，在图像窗口中进行涂抹，擦除不需要的图像，效果如图8-119所示。

（9）按Ctrl+O组合键，打开本书学习资源中的"Ch08\素材\贴合纹理\05"文件。选择移动工具 ✛，将"05"图像拖曳到新建的图像窗口中适当的位置，效果如图8-120所示。此时，"图层"控制面板中会生成新的图层，将其命名为"文字"。贴合纹理制作完成。

图8-118

图8-119　　　　图8-120

【案例学习目标】学习使用合成工具和面板制作豆浆机广告。

【案例知识要点】使用纹理化滤镜命令和图层混合模式制作背景效果，使用加深工具和减淡工具调整豆浆机高光及阴影部分，使用横排文字工具和斜切命令制作文字信息，最终效果如图8-121所示。

【效果所在位置】Ch08\效果\制作豆浆机广告.psd。

图8-121

（1）按Ctrl+O组合键，打开本书学习资源中的"Ch08\素材\制作豆浆机广告\01"文件，如图8-122所示。

图8-122

（2）选择"滤镜 > 滤镜库"命令，在弹出的对话框中进行设置，如图8-123所示，单击"确定"按钮，效果如图8-124所示。

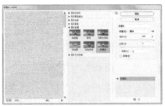

图8-123

图8-124

（3）按Ctrl+O组合键，打开本书学习资源中的"Ch08\素材\制作豆浆机广告\02"文件。选择移动工具 ⊕，将"02"图像拖曳到"01"图像窗口中适当的位置，效果如图8-125所示。此时，"图层"控制面板中会生成新的图层，将其命名为"图片"。在"图层"控制面板上方，将"图片"图层的混合模式选项设为"正片叠底"，如图8-126所示，效果如图8-127所示。

图8-125

图8-126

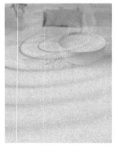

图8-127

（4）按Ctrl＋O组合键，打开本书学习资源中的"Ch08\素材\制作豆浆机广告\03"文件。选择移动工具 ⊕，将"03"图像拖曳到"01"图像窗口中适当的位置，效果如图8-128所示。此时，"图层"控制面板中会生成新的图层，将其命名为"杯子"。

（5）选择加深工具 ◎，在属性栏中单击"画笔"选项右侧的 按钮，弹出画笔选择面板，选项的设置如图8-129所示。在图像窗口中进行涂抹，调暗饮品和杯子的暗部，效果如图8-130所示。

图8-128

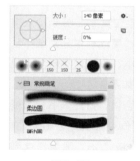

图8-129

图8-130

（6）选择减淡工具 🔍，在属性栏中单击"画笔"选项右侧的 按钮，弹出画笔选择面板，选项的设置如图8-131所示。在图像窗口中进行涂抹，调亮饮品和杯子的亮部，效果如图8-132所示。

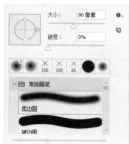

图8-131

图8-132

（7）按Ctrl＋O组合键，打开本书学习资源中的"Ch08\素材\制作豆浆机广告\04"文件。选择移动工具 ⊕，将"04"图像拖曳到"01"图像窗口中适当的位置，效果如图8-133所示。此时，"图层"控制面板中会生成新的图层，将其命名为"黄豆"。在"图层"控制面板上方，将"黄豆"图层的混合模式选项设为"线性加深"，如图8-134所示，效果如图8-135所示。

图8-133

图8-134

图8-135

（8）按Ctrl＋O组合键，打开本书学习资源中的"Ch08\素材\制作豆浆机广告\05"文件。选择移动工具 ⊕，将"05"图像拖曳到"01"图像窗口中适当的位置，效果如图8-136所示。此时，"图层"控制面板中会生成新的图层，将其命名为"豆浆机"。

（9）选择横排文字工具 T，输入需要的文字并选取文字，在属性栏中选择合适的字体并设置文字大小，设置文字颜色为白色，效果如图8-137所示。

（10）按Ctrl+T组合键，文字周围出现变换框，在变换框中单击鼠标右键，在弹出的菜单中选择"斜切"命令，拖曳变换框四角的控制手柄调整图像，使其与底图贴合，按Enter键确认操作，效果如图8-138所示。使用相同方法制作其他文字，效果如图8-139所示。

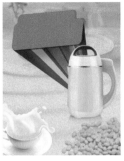

图8-136

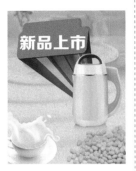

新品上市

图8-137

新品上市

图8-138

六喜双磨豆浆机
新品上市

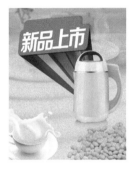

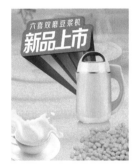

图8-139

（11）选择横排文字工具 T，输入需要的文字并选取文字，在属性栏中选择合适的字体并设置文字大小，设置文字颜色为褐色（82，18，1），效果如图8-140所示。

（12）选择椭圆工具 ○，在属性栏的“选择工具模式”选项中选择“形状”，将“填充”颜色设为褐色（82，18，1），“描边”颜色设为无。按住Shift键的同时，在图像窗口中适当的位置绘制圆形，如图8-141所示。此时，“图层”控制面板中生成新的形状图层“椭圆1”。

（13）选择路径选择工具 ▸，按住Alt+Shift组合键的同时，向下拖曳圆形到适当的位置，复制圆形，如图8-142所示。使用相同的方法复制多个圆形，如图8-143所示。

六喜双磨豆浆机
新品上市
创新双磨技术
文火细熬好豆浆
1800ML
高低电压自适应

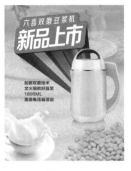

图8-140

·创新双磨技术
文火细熬好豆浆
1800ML
高低电压自适应

图8-141

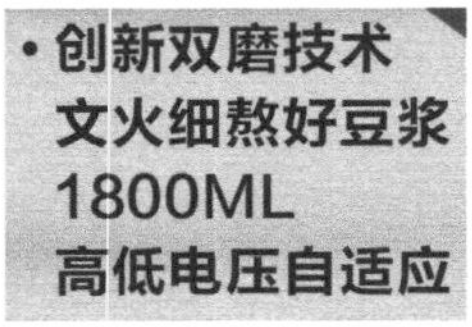

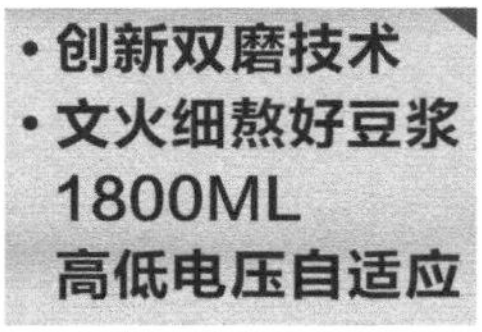

·创新双磨技术
·文火细熬好豆浆
1800ML
高低电压自适应

图8-142

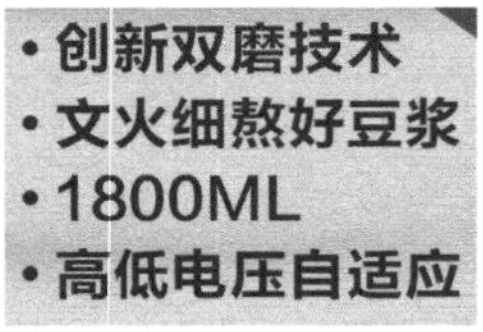

·创新双磨技术
·文火细熬好豆浆
·1800ML
·高低电压自适应

图8-143

（14）选择横排文字工具 T，分别输入需要的文字并选取文字，在属性栏中分别选择合适的字体并设置文字大小，设置文字颜色为褐色（82，18，1），效果如图8-144所示。

（15）按Ctrl + O组合键，打开本书学习资源中的“Ch08\素材\制作豆浆机广告\06”文件。选择移动工具 ✥，将“06”图像拖曳到“01”图像窗口中适当的位置，效果如图8-145所示。此时，“图层”控制面板中会生成新的图层，将其命名为“标志”。豆浆机广告制作完成。

六喜双磨豆浆机
新品上市
399

图8-144

六喜双磨豆浆机
新品上市
399

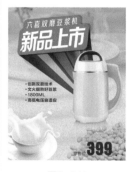

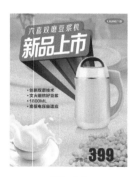

图8-145

课堂练习——制作个人写真照片模板

【练习知识要点】使用图层蒙版和渐变工具制作背景人物的融合，使用羽化命令和矩形工具制作图形的渐隐效果，使用钢笔工具、描边命令和图层样式制作线条，使用矩形工具和剪贴蒙版制作照片，使用横排文字工具添加文字，最终效果如图8-146所示。

【效果所在位置】Ch08\效果\制作个人写真照片模板.psd。

图8-146

课后习题——制作空调广告

【习题知识要点】使用色相/饱和度调整层调整背景颜色，使用移动工具添加产品和装饰图形，使用变换命令、图层蒙版和渐变工具制作投影，使用横排文字工具、文字变形命令、载入选区命令、扩展命令和图层样式制作标志文字，使用横排文字工具、字符面板、直线工具和图层样式添加宣传语，最终效果如图8-147所示。

【效果所在位置】Ch08\效果\制作空调广告.psd。

图8-147

第 **9** 章

特效

本章介绍

　　Photoshop处理图像的功能十分强大，不同的工具和命令搭配，可以制作出具有视觉冲击力的图像。本章将主要介绍使用Photoshop制作特殊效果的方法。通过对本章的学习，读者可以学会如何为普通图片添加特效。

学习目标

◆ 了解特效的基础知识。

◆ 掌握不同特效的制作方法。

◆ 掌握特效的制作技巧。

技能目标

◆ 掌握特效字的制作方法。

◆ 掌握特殊效果的制作方法。

◆ 掌握婴儿产品广告的制作方法。

9.1 特效基础

Photoshop提供了众多的特效工具和命令，用户可以发挥想象力，对文字、图形和图像等进行特殊效果的制作，达到视觉与创意的完美结合，制作出极具品质和商业价值的作品，如图9-1所示。

图9-1

9.2 特效实战

9.2.1 水晶字

【案例学习目标】学习使用图层样式制作水晶字。

【案例知识要点】使用横排文字工具添加文字，使用多种图层样式制作水晶字，最终效果如图9-2所示。

【效果所在位置】Ch09\效果\水晶字.psd。

图9-2

（1）按Ctrl+O组合键，打开本书学习资源中的"Ch09\素材\水晶字\01"文件，如图9-3所示。

（2）选择横排文字工具 T.，输入需要的文字并选取文字，在属性栏中选择合适的字体并设置文字大小，效果如图9-4所示。

图9-3　　　　　　　图9-4

（3）在"图层"控制面板中，将"Photoshop CC 2020"文字图层的"填充"选项设为0%，如图9-5所示，效果如图9-6所示。按Ctrl+J组合键，复制文字图层，生成新的文字图层"Photoshop CC 2020 拷贝"。

图9-5　　　　　　　图9-6

（4）选中"Photoshop CC 2020"文字图层。单击"图层"控制面板下方的"添加图层样式"按钮 fx.，在弹出的菜单中选择"投影"

命令，弹出对话框，将阴影颜色设为深绿色
（20，79，94），其他选项的设置如图9-7所
示，效果如图9-8所示。

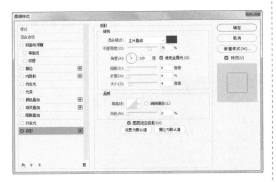

图9-7

图9-8

（5）选择"渐变叠加"选项，切换到相应
的对话框。单击"渐变"选项右侧的"点按可
编辑渐变"按钮，弹出"渐变编辑器"
对话框，将渐变色设为从深蓝色（81，192，
233）到浅蓝色（149，236，255），单击"确
定"按钮，返回"渐变叠加"对话框，其他选
项的设置如图9-9所示，效果如图9-10所示。

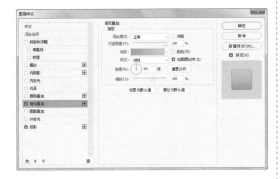

图9-9

图9-10

（6）选择"内发光"选项，切换到相应
的对话框，将发光颜色设为蓝色（132，241，
245），其他选项的设置如图9-11所示，效果如
图9-12所示。

图9-11

图9-12

（7）选择"斜面和浮雕"选项，切换到相
应的对话框，将"高光模式"颜色设为浅绿色
（192，255，254），"阴影模式"颜色设为深绿
色（55，170，184），其他选项的设置如图9-13
所示，单击"确定"按钮，效果如图9-14所示。

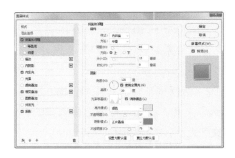

图9-13

图9-14

（8）选中"Photoshop CC 2020 拷贝"文字图层。单击"图层"控制面板下方的"添加图层样式"按钮 fx，在弹出的菜单中选择"投影"命令，弹出对话框，将阴影颜色设为绿色（23，74，83），其他选项的设置如图9-15所示，效果如图9-16所示。

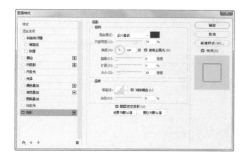

图9-15

图9-16

（9）选择"光泽"选项，切换到相应的对话框，选项的设置如图9-17所示，效果如图9-18所示。

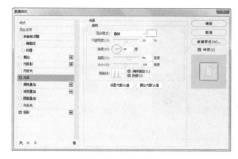

图9-17

图9-18

（10）选择"描边"选项，切换到相应的对话框。将"填充类型"选项设为"渐变"，单击"渐变"选项右侧的"点按可编辑渐变"按钮，弹出"渐变编辑器"对话框，将渐变色设为从蓝色（40，151，179）到浅蓝色（103，212，239），单击"确定"按钮，返回"描边"对话框，其他选项的设置如图9-19所示，单击"确定"按钮，效果如图9-20所示。

图9-19

图9-20

（11）按Ctrl+O组合键，打开本书学习资源中的"Ch09\素材\水晶字\02"文件。选择移动工具 ，将"02"图像拖曳到"01"图像窗口中适当的位置，效果如图9-21所示。"图层"控制面板中会生成新的图层，将其命名为"放射线"。水晶字制作完成。

图9-21

9.2.2 牛奶字

【案例学习目标】学习使用图层样式和滤镜命令制作牛奶字。

【案例知识要点】使用通道面板、艺术效果滤镜、扩展选区命令、图层蒙版、扭曲滤镜和剪贴蒙版制作牛奶字，最终效果如图9-22所示。

【效果所在位置】Ch09\效果\牛奶字.psd。

图9-22

（1）按Ctrl+O组合键，打开本书学习资源中的"Ch09\素材\牛奶字\01"文件，如图9-23所示。单击"通道"控制面板下方的"创建新通道"按钮 ▫，新建通道，生成新的通道"Alpha 1"，如图9-24所示。

图9-23　　　　　　　　图9-24

（2）选择横排文字工具 T.，输入需要的文字并选取文字，在属性栏中选择合适的字体并设置文字大小，设置文字颜色为白色，效果如图9-25所示。按Ctrl+D组合键，取消选区。将"Alpha 1"通道拖曳到"创建新通道"按钮 ▫ 上，复制通道，生成新的通道"Alpha 1 拷贝"，如图9-26所示。

图9-25　　　　　　　　图9-26

（3）选择"编辑 > 首选项 > 增效工具"命令，在弹出的对话框中勾选"显示滤镜库的所有组和名称"复选框，如图9-27所示，单击"确定"按钮。

图9-27

（4）选择"滤镜 > 艺术效果 > 塑料包装"命令，在弹出的对话框中进行设置，如图9-28所示，单击"确定"按钮，效果如图9-29所示。

图9-28

图9-29

（5）在"通道"控制面板中，按住Ctrl键的同时，单击"Alpha 1 拷贝"图层的缩览图，生成选区，如图9-30所示。单击"RGB"通道，并返回"图层"控制面板。

图9-30

（6）新建图层生成"图层1"，如图9-31所示。将前景色设为白色。按Alt+Delete组合键，用前景色填充选区，如图9-32所示。按Ctrl+D组合键，取消选区。

图9-31　　　　　图9-32

（7）在"通道"控制面板中，按住Ctrl键的同时，单击"Alpha 1"图层的缩览图，生成选区，如图9-33所示。

图9-33

（8）选择"选择 > 修改 > 扩展"命令，在弹出的对话框中进行设置，如图9-34所示，单击"确定"按钮，效果如图9-35所示。

图9-34　　　　　图9-35

（9）单击"图层"控制面板下方的"添加图层蒙版"按钮 ⬜，为"图层1"图层添加图层蒙版，如图9-36所示。单击"图层"控制面板下方的"添加图层样式"按钮 fx，在弹出的菜单中选择"投影"命令，在弹出的对话框中进行设置，如图9-37所示。

图9-36

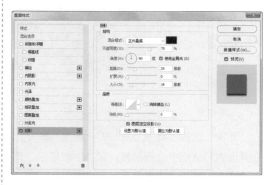

图9-37

（10）选择"斜面和浮雕"选项，切换到相应的对话框，将"高光模式"颜色设为白色，"阴影模式"颜色设为黑色，其他选项的设置如图9-38所示，单击"确定"按钮，效果如图9-39所示。

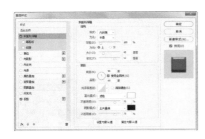

图9-38

图9-39

（11）新建图层生成"图层2"，如图9-40所示。将前景色设为黑色。选择椭圆工具 ○，在属性栏的"选择工具模式"选项中选择"像素"。按住Shift键的同时，在图像窗口中适当的位置分别绘制圆形，效果如图9-41所示。

图9-40　　　　　　　图9-41

（12）选择"滤镜 > 扭曲 > 波浪"命令，在弹出的对话框中进行设置，如图9-42所示，单击"确定"按钮，效果如图9-43所示。

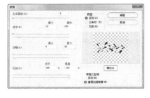

图9-42　　　　　　　图9-43

（13）按Alt+Ctrl+G组合键，创建剪贴蒙版，效果如图9-44所示。选中"背景"图层。选择"文件 > 置入嵌入对象"命令，弹出"置入嵌入的对象"对话框，选择本书学习资源中的"Ch09\素材\牛奶字\02"文件。单击"置入"按钮，将图片置入图像窗口中，并拖曳到适当的位置，按Enter键确认操作，效果如图9-45所示。此时，"图层"控制面板中会生成新的图层，将其命名为"02"。牛奶字制作完成。

图9-44　　　　　　　图9-45

9.2.3　浮雕画

【案例学习目标】学习使用图层样式和历史记录艺术画笔工具制作浮雕画。

【案例知识要点】使用历史记录艺术画笔工具制作涂抹效果，使用色相/饱和度命令和颜色叠加命令调整图片颜色，使用去色命令将图片去色，使用浮雕效果滤镜为图片添加浮雕，最终效果如图9-46所示。

【效果所在位置】Ch09\效果\浮雕画.psd。

图9-46

（1）按Ctrl+O组合键，打开本书学习资源中的"Ch09\素材\浮雕画\01"文件，如图9-47所示。选择"窗口 > 历史记录"命令，弹出"历史记录"控制面板，单击面板右上方的 ≡ 按钮，在弹出的菜单中选择"新建快照"命令，在弹出的对话框中进行设置，如图9-48所示，单击"确定"按钮。

图9-47　　　　　　图9-48

（2）新建图层并将其命名为"黑色块"。将前景色设为黑色。按Alt+Delete组合键，用前景色填充图层。在"图层"控制面板中，将"不透明度"选项设为80%，如图9-49所示，效果如图9-50所示。

（3）新建图层并将其命名为"油画"。选择历史记录艺术画笔工具 🖋，在属性栏中单击"画笔"选项右侧的 按钮，弹出画笔选择面板，将"大小"选项设为15像素。在属性栏中将"不透明度"选项设为85%，在图像窗口中拖曳鼠标绘制图形，直到笔刷铺满图像窗口，效果如图9-51所示。

图9-49

图9-50　　　　　　图9-51

（4）选择"图像 > 调整 > 色相/饱和度"命令，在弹出的对话框中进行设置，如图9-52所示，单击"确定"按钮，效果如图9-53所示。

图9-52　　　　　　图9-53

（5）将"油画"图层拖曳到"图层"控制面板下方的"创建新图层"按钮 🗋 上进行复制，生成新的图层并将其命名为"浮雕"。选择"图像 > 调整 > 去色"命令，将图像去色，效果如图9-54所示。

图9-54

（6）在"图层"控制面板中，将"浮雕"图层的混合模式选项设为"叠加"，如图9-55所示，图像效果如图9-56所示。

图9-55　　　　　　图9-56

（7）选择"滤镜 > 风格化 > 浮雕效果"命令，在弹出的对话框中进行设置，如图9-57所示，单击"确定"按钮，效果如图9-58所示。

图9-57　　　　　　图9-58

（8）单击"图层"控制面板下方的"添加图层样式"按钮 fx.，在弹出的菜单中选择"颜色叠加"命令，弹出对话框，将叠加颜色设为浅蓝色（222，248，255），其他选项的设置如

图9-59所示，单击"确定"按钮，效果如图9-60所示。浮雕画制作完成。

图9-59

图9-60

9.2.4 炫彩光

【案例学习目标】学习使用描边路径命令和图层样式制作路径特效。

【案例知识要点】使用钢笔工具、画笔工具、描边路径命令和图层样式制作路径的特效，使用橡皮擦工具擦除多余的图像，最终效果如图9-61所示。

【效果所在位置】Ch09\效果\炫彩光.psd。

图9-61

（1）按Ctrl+N组合键，弹出"新建文档"对话框，设置宽度为1175像素，高度为500像素，分辨率为72像素/英寸，颜色模式为RGB，背景内容为白色，单击"创建"按钮，新建一个文件。

（2）按Ctrl+O组合键，打开本书学习资源中的"Ch09\素材\炫彩光\01"文件。选择移动工具 ⊕，将"01"图像拖曳到新建的图像窗口中适当的位置，效果如图9-62所示。此时，"图层"控制面板中会生成新的图层，将其命名为"图片"。新建图层并将其命名为"特效"，如图9-63所示。

图9-62　　　　　　　　图9-63

（3）选择钢笔工具 ⌀，在属性栏的"选择工具模式"选项中选择"路径"，在图像窗口中绘制需要的路径，如图9-64所示。

图9-64

（4）将前景色设为白色。选择画笔工具 ✓，在属性栏中单击"画笔"选项右侧的 ⌄ 按钮，弹出画笔选择面板，选择"旧版画笔 > 书法画笔 > 椭圆60像素"画笔形状，其他选项的设置如图9-65所示。选择路径选择工具 ▶，选择绘制的路径，如图9-66所示。

（5）在路径上单击鼠标右键，在弹出的菜单中选择"描边路径"命令，弹出"描边路径"对话框，选项的设置如图9-67所示。单击

"确定"按钮，描边路径。按Enter键，隐藏路径，效果如图9-68所示。

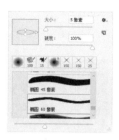

图9-65　　　　　　　　图9-66

图9-67　　　　　　　　图9-68

（6）单击"图层"控制面板下方的"添加图层样式"按钮 *fx.*，在弹出的菜单中选择"外发光"命令，弹出对话框，将外发光颜色设为红色（252，5，22），其他选项的设置如图9-69所示，单击"确定"按钮，效果如图9-70所示。

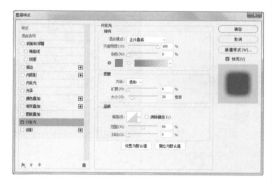

图9-69

图9-70

（7）使用相同的方法再次分别绘制路径并添加"外发光"图层样式，效果如图9-71所示。此时，"图层"控制面板中会生成新的图层"特效 拷贝"和"特效 拷贝2"，如图9-72所示。

图9-71　　　　　　　　图9-72

（8）在"图层"控制面板中，按住Shift键的同时，单击"特效"图层，将需要的图层同时选取。按Ctrl+E组合键，合并图层并将其命名为"特效"，如图9-73所示。

图9-73

（9）选择橡皮擦工具 *⌐*，在属性栏中单击"画笔"选项右侧的 按钮，弹出画笔选择面板，选项的设置如图9-74所示。在图像窗口中的特效上进行涂抹，擦除不需要的图像，效果如图9-75所示。炫彩光制作完成。

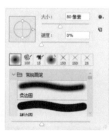

图9-74　　　　　　　　图9-75

9.2.5　极限图

【案例学习目标】学习使用极坐标命令制作极限图。

【案例知识要点】使用极坐标命令扭曲图像，使用裁剪工具裁剪图像，使用图层蒙版和画笔工具修饰图像，最终效果如图9-76所示。

【效果所在位置】Ch09\效果\极限图.psd。

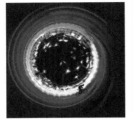

图9-76

（1）按Ctrl+O组合键，打开本书学习资源中的"Ch09\素材\极限图\01"文件，如图9-77所示。

（2）将"背景"图层拖曳到"图层"控制面板下方的"创建新图层"按钮 ▣ 上进行复制，生成新的图层并将其命名为"旋转"，如图9-78所示。

图9-77   图9-78

（3）选择裁剪工具 ▯ ，属性栏中的设置如图9-79所示，在图像窗口中适当的位置拖曳一个裁切区域，如图9-80所示。按Enter键确认操作，效果如图9-81所示。

图9-79

图9-80   图9-81

（4）选择"滤镜 > 扭曲 > 极坐标"命令，在弹出的对话框中进行设置，如图9-82所示，单击"确定"按钮，效果如图9-83所示。

   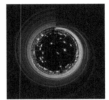

图9-82   图9-83

（5）将"旋转"图层拖曳到"图层"控制面板下方的"创建新图层"按钮 ▣ 上进行复制，生成新的图层"旋转 拷贝"，如图9-84所示。

（6）按Ctrl+T组合键，图像周围出现变换框，鼠标将指针放在变换框的控制手柄外边，指针变为旋转图标 ↷ ，拖曳鼠标将图像旋转到适当的角度，按Enter键确认操作，效果如图9-85所示。

   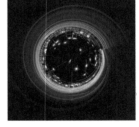

图9-84   图9-85

（7）单击"图层"控制面板下方的"添加图层蒙版"按钮 ▫ ，为图层添加蒙版，如图9-86所示。将前景色设为黑色。选择画笔工具 ✎ ，在属性栏中单击"画笔"选项右侧的·按钮，弹出画笔选择面

图9-86

板，选项的设置如图9-87所示。在属性栏中将"不透明度"选项设为80%，在图像窗口中进行涂抹，擦除不需要的图像，效果如图9-88所示。

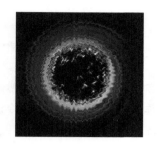

图9-92

图9-87 　　　　　　　图9-88

（8）按住Shift键的同时，单击"旋转"图层，将需要的图层同时选取。按Ctrl+E组合键，合并图层并将其命名为"底图"，如图9-89所示。按Ctrl+J组合键，复制"底图"图层，生成新的图层"底图 拷贝"，如图9-90所示。

（10）在"图层"控制面板中，将"底图 拷贝"图层的混合模式选项设为"颜色减淡"，如图9-93所示，图像效果如图9-94所示。

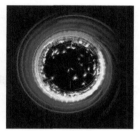

图9-93 　　　　　　图9-94

图9-89 　　　　　　图9-90

（9）选择"滤镜 > 扭曲 > 波浪"命令，在弹出的对话框中进行设置，如图9-91所示，单击"确定"按钮，效果如图9-92所示。

（11）选择"文件 > 置入嵌入对象"命令，弹出"置入嵌入的对象"对话框，选择本书学习资源中的"Ch09\素材\极限图\02"文件。单击"置入"按钮，将图片置入图像窗口中，拖曳到适当的位置并调整大小，按Enter键确认操作，效果如图9-95所示。此时，"图层"控制面板中会生成新的图层，将其命名为"自行车"。极限图制作完成。

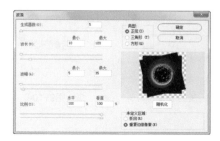

图9-91

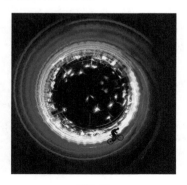

图9-95

9.2.6　素描画

【案例学习目标】学习使用滤镜命令制作素描画。

【案例知识要点】使用特殊模糊滤镜和反相命令制作素描图像，使用色阶命令调整图像颜色，最终效果如图9-96所示。

【效果所在位置】Ch09\效果\素描画.psd。

图9-96

（1）按Ctrl+O组合键，打开本书学习资源中的"Ch09\素材\素描画\01"文件，如图9-97所示。

图9-97

（2）将"背景"图层拖曳到"图层"控制面板下方的"创建新图层"按钮 □ 上进行复制，生成新的图层"背景 拷贝"，如图9-98所示。选择"图像 > 调整 > 去色"命令，将图像去色，效果如图9-99所示。

图9-98　　　　　图9-99

（3）选择"滤镜 > 滤镜库"命令，在弹出的对话框中进行设置，如图9-100所示，单击"确定"按钮，效果如图9-101所示。

（4）选择"图像 > 调整 > 反相"命令，调整图像，效果如图9-102所示。单击"图层"控制面板下方的"创建新的填充或调整图层"按钮 ◑，在弹出的菜单中选择"色阶"命令，在"图层"控制面板中生成"色阶1"图层。同时弹出"色阶"面板，选项的设置如图9-103所示，效果如图9-104所示。素描画制作完成。

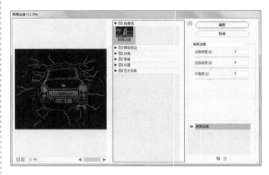

图9-100

图9-101　　　　　图9-102

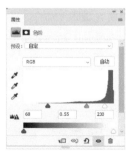　　　

图9-103　　　　　图9-104

9.3 综合实例——制作婴儿产品广告

【案例学习目标】学习使用滤镜命令、形状工具和图层样式制作婴儿产品广告。

【案例知识要点】使用椭圆选框工具和高斯模糊命令制作阳光效果，使用自定形状工具和图层控制面板制作装饰心形，使用动感模糊命令为图片添加模糊效果，使用亮度/对比度命令调整图片颜色，使用移动工具添加广告宣传文字，最终效果如图9-105所示。

【效果所在位置】Ch09\效果\制作婴儿产品广告.psd。

图9-105

1. 制作背景效果

（1）按Ctrl+N组合键，弹出"新建文档"对话框，设置宽度为22.6厘米，高度为14.3厘米，分辨率为300像素/厘米，颜色模式为RGB，背景内容为蓝色（0，167，234），单击"创建"按钮，新建一个文件，如图9-106所示。

（2）按Ctrl+O组合键，打开本书学习资源中的"Ch09\素材\制作婴儿产品广告\01"文件。选择移动工具 ，将"01"图像拖曳到新建的图像窗口中适当的位置，效果如图9-107所示。此时，"图层"控制面板中会生成新的图层，将其命名为"白云"。

图9-106

图9-107

（3）新建图层并将其命名为"阳光"。将前景色设为白色。选择椭圆选框工具 ，按住Shift键的同时，在图像窗口中适当的位置绘制圆形选区，如图9-108所示。按Alt+Delete组合键，用前景色填充选区。按Ctrl+D组合键，取消选区，效果如图9-109所示。

图9-108 图9-109

（4）选择"滤镜 > 模糊 > 高斯模糊"命令，在弹出的对话框中进行设置，如图9-110所示，单击"确定"按钮，效果如图9-111所示。

图9-110 图9-111

（5）选择椭圆工具 ，在属性栏的"选择工具模式"选项中选择"形状"，将"填充"颜色设为白色，"描边"颜色设为无。按住Shift键的同时，在图像窗口中适当的位置绘制圆形,如图9-112所示。此时,"图层"控制面板中会生成新的形状图层"椭圆1"。在"图层"控制面板上方,将该图层的"不透明度"选项设为10%,如图9-113所示,效果如图9-114所示。

图9-112

图9-113

图9-114

(6)选择移动工具 ⊕,按住Alt键的同时,拖曳圆形到适当的位置并调整其大小,效果如图9-115所示。用相同的方法复制多个圆形并调整其大小,如图9-116所示。

图9-115

图9-116

(7)选择自定形状工具 ,单击属性栏中的"形状"选项右侧的 按钮,弹出"形状"面板,选择需要的图形,如图9-117所示。在图像窗口中适当的位置绘制图形,如图9-118所示。此时,"图层"控制面板中会生成新的形状图层"形状1"。

图9-117

图9-118

(8)按Ctrl+T组合键,图形周围出现变换框,将鼠标指针放在变换框的控制手柄外边,指针变为旋转图标 ↱,拖曳鼠标将图形旋转到适当的角度,按Enter键确认操作,效果如图9-119所示。在"图层"控制面板中,将该图层的混合模式选项设为"叠加","不透明度"选项设为50%,如图9-120所示,效果如图9-121所示。

(9)用上述方法复制多个图形并分别调整其不透明度,制作出如图9-122所示的效果。在"图层"控制面板中,按住Shift键的同时,单击"椭圆1"图层,将需要的图层同时选取。按Ctrl+G组合键,群组图层并将其命名为"装饰形状"。

图9-119

图9-120

图9-121

图9-122

2. 制作主体画面

(1)新建图层组并将其命名为"主体画面"。按Ctrl+O组合键,打开本书学习资源中的"Ch09\素材\制作婴儿产品广告\02、03"文件。选择移动工具 ⊕,将"02""03"图像分别拖曳到新建的图像窗口中适当的位置,效果如图9-123所示。此时,"图层"控制面板中会生成新的图层,将其分别命名为"白云"和"向日葵1"。

（2）选择"滤镜 > 模糊 > 动感模糊"命令，在弹出的对话框中进行设置，如图9-124所示，单击"确定"按钮，效果如图9-125所示。

图9-123

图9-124

图9-125

（3）单击"图层"控制面板下方的"创建新的填充或调整图层"按钮，在弹出的菜单中选择"亮度/对比度"命令，在"图层"控制面板中生成"亮度/对比度1"图层。同时弹出"亮度/对比度"面板，选项的设置如图9-126所示，效果如图9-127所示。

图9-126

图9-127

（4）按Ctrl+O组合键，打开本书学习资源中的"Ch09\素材\制作婴儿产品广告\04、05"文件。选择移动工具，将"04""05"图像分别拖曳到新建的图像窗口中适当的位置，效果如图9-128所示。此时，"图层"控制面板中会生成新的图层，将其分别命名为"向日葵2"和"宝宝"，如图9-129所示。

图9-128

图9-129

（5）单击"图层"控制面板下方的"添加图层样式"按钮，在弹出的菜单中选择"投影"命令，在弹出的对话框中进行设置，如图9-130所示，单击"确定"按钮，效果如图9-131所示。

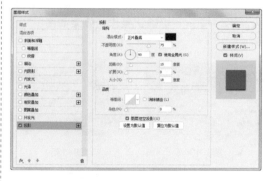

图9-130

图9-131

3. 制作心形图案

（1）新建图层组并将其命名为"心形图案"。新建图层并将其命名为"加深工具"。选择钢笔工具，在属性栏的"选择工具模式"选项中选择"路径"，在图像窗口中绘制路径，如图9-132所示。按Ctrl+Enter组合键，将路径转换为选区，如图9-133所示。

图9-132　　　　　　　　图9-133

（2）将前景色设为蓝色（0，160，233）。按Alt+Delete组合键，用前景色填充选区。按Ctrl+D组合键，取消选区，效果如图9-134所示。按Ctrl+J组合键，复制图层，生成新的图层并将其命名为"渐变填充"。

（3）按Ctrl+T组合键，图形周围出现变换框，将鼠标指针放在变换框左上角的控制手柄上，按住Alt+Shift组合键的同时，拖曳鼠标放大图形。按Enter键确认操作，效果如图9-135所示。

图9-134　　　　　　　　图9-135

（4）选择渐变工具 ，单击属性栏中的"点按可编辑渐变"按钮 ，弹出"渐变编辑器"对话框，在"位置"选项中分别输入0、52、100三个位置点，分别设置三个位置点颜色的RGB值为0（184，185，185），52（218，218，218），100（184，185，185），如图9-136所示，单击"确定"按钮。

（5）在"图层"控制面板中，按住Ctrl键的同时，单击"渐变填充"图层的缩览图，图像周围生成选区，如图9-137所示。在选区中从左上方向右下方拖曳填充渐变色。按Ctrl+D组合键，取消选区，效果如图9-138所示。选中"加深工具"图层，将其拖曳到"渐变填充"图层的上方，调整图层顺序，图像效果如图9-139所示。

图9-136　　　　　　　　图9-137

图9-138　　　　　　　　图9-139

（6）选择加深工具 ，在属性栏中单击"画笔"选项右侧的 按钮，弹出画笔选择面板，选项的设置如图9-140所示，在图像窗口中进行涂抹加深图像，效果如图9-141所示。

图9-140　　　　　　　　图9-141

（7）新建图层并将其命名为"高光"。选择钢笔工具 ，在图像窗口中绘制路径，如图9-142所示。按Ctrl+Enter组合键，将路径转换为选区，如图9-143所示。将前景色设为白色，按Alt+Delete组合键，用前景色填充选区。按Ctrl+D组合键，取消选区，效果如图9-144所示。

图9-142　　　　图9-143　　　　图9-144

（8）选择"滤镜 > 模糊 > 高斯模糊"命令，在弹出的对话框中进行设置，如图9-145所示，单击"确定"按钮，效果如图9-146所示。单击"心形图案"左侧的三角图标，折叠"心形图案"图层组。

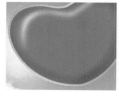

图9-145　　　　　　图9-146

（9）选择钢笔工具 ⌀ ，在属性栏的"选择工具模式"选项中选择"形状"，将"填充"颜色设为灰色（181，181，182），"描边"颜色设为无。在图像窗口中适当的位置绘制图形，如图9-147所示。此时，"图层"控制面板中会生成新的形状图层，将其命名为"银灰形状"，如图9-148所示。

图9-147　　　　　　图9-148

（10）单击"图层"控制面板下方的"添加图层样式"按钮 *fx.* ，在弹出的菜单中选择"渐变叠加"命令，弹出"渐变叠加"对话框。单击"渐变"选项右侧的"点按可编辑渐变"按钮 ▉▉⌄ ，弹出"渐变编辑器"对话框，在"位置"选项中分别输入0、24、48、73、100五个位置点，分别设置五个位置点颜色的RGB

值为0（255，255，255），24（201，202，202），48（255，255，255），73（201，202，202），100（255，255，255），单击"确定"按钮，返回"渐变叠加"对话框，其他选项的设置如图9-149所示，单击"确定"按钮，效果如图9-150所示。

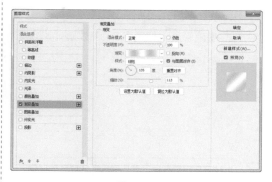

图9-149

图9-150

（11）按Ctrl+O组合键，打开本书学习资源中的"Ch09\素材\制作婴儿产品广告\06"文件。选择移动工具 ⊹ ，将"06"图像拖曳到新建的图像窗口中适当的位置，效果如图9-151所示。此时，"图层"控制面板中会生成新的图层，将其命名为"广告语"。婴儿产品广告制作完成。

图9-151

课堂练习——制作淡彩铅笔画

【练习知识要点】使用去色命令将花朵图片去色，使用照亮边缘滤镜命令、混合模式、反相命令和色阶命令调整图片颜色，使用复制图层命令和混合模式制作淡彩效果，最终效果如图9-152所示。

【效果所在位置】Ch09\效果\制作淡彩铅笔画.psd。

图9-152

课后习题——制作摄影展海报

【习题知识要点】使用3D命令制作图像酷炫效果，使用多边形工具绘制装饰图形，使用色阶命令调整图像色调，最终效果如图9-153所示。

【效果所在位置】Ch09\效果\制作摄影展海报.psd。

图9-153

第 **10** 章

商业实战

本章介绍

本章通过多个商业案例，进一步讲解Photoshop的各个功能和使用技巧。读者在学习商业案例并完成大量的练习后，可以掌握商业案例的设计理念和软件的技术要点，从而制作出变化多样的设计作品。

学习目标

◆ 了解Photoshop的常用设计领域。

◆ 掌握Photoshop在不同设计领域的使用技巧。

技能目标

◆ 掌握广告和宣传单的设计方法。

◆ 掌握书籍封面的设计方法。

◆ 掌握包装的设计方法。

◆ 掌握App界面的设计方法。

◆ 掌握网页的设计方法。

10.1.1 项目背景及要求

1．客户名称

华陞置业有限公司。

2．客户需求

华陞置业有限公司是一家房地产开发公司。本例是为公司制作新楼盘的销售广告，要求表现出楼盘高端的环境地段与良好的配套设施，在设计上要合理搭配色彩，让人耳目一新。

3．设计要求

（1）画面要以直观的形式表达出楼盘的优势和特点。

（2）广告语要点明主题，信息主次分明。

（3）画面色彩要高端大气，颜色明快而富有张力。

（4）设计风格具有特色，版式布局相对集中紧凑、简洁清晰。

（5）设计规格为210毫米（宽）×297毫米（高），分辨率为300像素/英寸。

10.1.2 项目素材及要点

1．设计素材

图片素材所在位置：本书学习资源中的"Ch10\素材\制作房地产广告\01~10"。

2．设计作品

设计作品效果所在位置：本书学习资源中的"Ch10\效果\制作房地产广告.psd"，如图10-1所示。

3．制作要点

使用渐变工具和图层蒙版制作背景底图，使用图层的混合模式制作合成图像，使用钢笔工具和渐变叠加命令制作logo。

图10-1

10.1.3 案例制作步骤

1．合成背景底图

（1）按Ctrl+N组合键，弹出"新建文档"对话框，设置宽度为21厘米，高度为29.7厘米，分辨率为300像素/英寸，颜色模式为RGB，背景内容为白色，单击"创建"按钮，新建一个文件。

（2）新建图层并将其命名为"色块"。选择渐变工具，单击属性栏中的"点按可编辑渐变"按钮，弹出"渐变编辑器"对话框，在"位置"选项中分别输入0、73、100三个位置点，分别设置三个位置点颜色的RGB值为0（0，71，78），73（0，149，153），100（0，149，153），将右侧颜色点的"不透明度"选项设为0%，如图10-2所示，单击"确定"按钮。在图像窗口中从上方向中心拖曳渐变色，效果如图10-3所示。

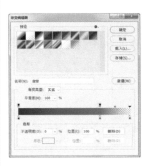

图10-2

图10-3

（3）新建图层并将其命名为"色块2"。选择渐变工具 ，单击属性栏中的"点按可编辑渐变"按钮，弹出"渐变编辑器"对话框，在"位置"选项中分别输入0、82、100三个位置点，分别设置三个位置点颜色的RGB值为0（0，71，78），82（0，149，153），100（0，149，153），如图10-4所示，单击"确定"按钮。在图像窗口中从下向上拖曳渐变色，效果如图10-5所示。

图10-4　　　　　　　图10-5

（4）单击"图层"控制面板下方的"添加图层蒙版"按钮，添加图层蒙版。将前景色设为黑色。选择矩形选框工具，在图像窗口中适当的位置绘制矩形选区，如图10-6所示。按Alt+Delete组合键，用前景色填充选区。按Ctrl+D组合键，取消选区，效果如图10-7所示。

图10-6　　　　　　　图10-7

2. 制作合成图像

（1）按Ctrl+O组合键，打开本书学习资源中的"Ch10\素材\制作房地产广告\01"文件。选择移动工具，将"01"图像拖曳到新建的图像窗口中适当的位置，效果如图10-8所示。此时，"图层"控制面板中会生成新的图层，将其命名为"远山"。在"图层"控制面板上方，将"远山"图层的混合模式选项设为"正片叠底"，如图10-9所示，效果如图10-10所示。

图10-8

图10-9　　　　　　　图10-10

（2）按Ctrl+O组合键，打开本书学习资源中的"Ch10\素材\制作房地产广告\02"文件。选择移动工具，将"02"图像拖曳到新建的图像窗口中适当的位置，效果如图10-11所示。此时，"图层"控制面板中会生成新的图层，将其命名为"云"。在"图层"控制面板上方，将"云"图层的混合模式选项设为"柔光"，"不透明度"选项设为49%，如图10-12所示，效果如图10-13所示。

图10-11

图10-12

图10-13

（3）按Ctrl+O组合键，打开本书学习资源中的"Ch10\素材\制作房地产广告\03"文件。选择移动工具 ⊕ ，将"03"图像拖曳到新建的图像窗口中适当的位置，效果如图10-14所示。此时，"图层"控制面板中会生成新的图层，将其命名为"湖"。在"图层"控制面板上方，将"湖"图层的混合模式选项设为"明度"，如图10-15所示，效果如图10-16所示。

图10-14

图10-15

图10-16

（4）按Ctrl+O组合键，打开本书学习资源中的"Ch10\素材\制作房地产广告\04"文件。

选择移动工具 ⊕ ，将"04"图像拖曳到新建的图像窗口中适当的位置，效果如图10-17所示。此时，"图层"控制面板中会生成新的图层，将其命名为"楼"。

（5）将"楼"图层拖曳到"图层"控制面板下方的"创建新图层"按钮 ⊡ 上，复制图层，生成新的图层"楼 拷贝"，如图10-18所示。按Ctrl+T组合键，图像周围出现变换框，单击鼠标右键，在弹出的菜单中选择"垂直翻转"命令，垂直翻转图像，按住Shift键的同时，垂直向下拖曳图像到适当的位置，按Enter键确认操作，效果如图10-19所示。

图10-17

图10-18

图10-19

（6）在"图层"控制面板中，将"楼 拷贝"图层的"不透明度"选项设为50%，效果如图10-20所示。单击"图层"控制面板下方的"添加图层蒙版"按钮 ⊡ ，为"楼 拷贝"图层添加图层蒙版，如图10-21所示。

图10-20　　　　　　　　图10-21

（7）选择渐变工具 ，单击属性栏中的
"点按可编辑渐变"按钮 ，弹出"渐变
编辑器"对话框，将渐变色设为黑色到白色，
如图10-22所示，单击"确定"按钮。在图像窗
口中从下向上拖曳填充渐变色，效果如图10-23
所示。

图10-22　　　　　　　　图10-23

（8）选中"楼"图层。按Ctrl+O组合键，
打开本书学习资源中的"Ch10\素材\制作房地产
广告\05"文件。选择移动工具 ，将"05"图
像拖曳到新建的图像窗口中适当的位置，效果
如图10-24所示。此时，"图层"控制面板中会
生成新的图层，将其命名为"云倒影"。

（9）选中"楼 拷贝"图层。按Ctrl+O组合
键，打开本书学习资源中的"Ch10\素材\制作
房地产广告\06、07"文件。选择移动工具 ，
将"06""07"图像分别拖曳到新建的图像窗

口中适当的位置，效果如图10-25所示。此时，
"图层"控制面板中会生成新的图层，将其分
别命名为"植物"和"湖面反光"。

图10-24　　　　　　　　图10-25

（10）在"图层"控制面板中，将"湖面
反光"图层的混合模式选项设为"柔光"，如
图10-26所示，效果如图10-27所示。

图10-26　　　　　　　　图10-27

（11）按Ctrl+O组合键，打开本书学习资源
中的"Ch10\素材\制作房地产广告\08"文件。选
择移动工具 ，将"08"图像拖曳到新建的图像
窗口中适当的位置，效果
如图10-28所示。此时，
"图层"控制面板中会生
成新的图层，将其命名为
"云2"。

图10-28

（12）单击"图层"控制面板下方的"添加图层蒙版"按钮 ▫，为"云2"图层添加图层蒙版。将前景色设为黑色。选择矩形选框工具 ▣，在图像窗口中适当的位置绘制矩形选区，如图10-29所示；按Alt+Delete组合键，用前景色填充选区。按Ctrl+D组合键，取消选区，效果如图10-30所示。

图10-29 　　　　　　　图10-30

3. 添加装饰、logo和文字

（1）按Ctrl+O组合键，打开本书学习资源中的"Ch10\素材\制作房地产广告\09"文件。选择移动工具 ✛，将"09"图像拖曳到新建的图像窗口中适当的位置，效果如图10-31所示。此时，"图层"控制面板中会生成新的图层，将其命名为"鸟"。

图10-31

（2）单击"图层"控制面板下方的"添加图层蒙版"按钮 ▫，为"鸟"图层添加图层蒙版。选择画笔工具 ✐，在属性栏中单击"画笔"选项右侧的 按钮，弹出画笔选择面板，选项的设置如图10-32所示。在图像窗口中进行涂抹，擦除不需要的图像，效果如图10-33所示。

图10-32 　　　　　　　图10-33

（3）按Ctrl+O组合键，打开本书学习资源中的"Ch010\素材\制作房地产广告\10"文件。选择移动工具 ✛，将"10"图像拖曳到新建的图像窗口中适当的位置，效果如图10-34所示。此时，"图层"控制面板中会生成新的图层，将其命名为"文字"。

图10-34

（4）新建图层并将其命名为"logo"。选择钢笔工具 ✐，在属性栏的"选择工具模式"选项中选择"路径"，在图像窗口中绘制路径，如图10-35所示。

图10-35

（5）按Ctrl+Enter组合键，将路径转换为选区，如图10-36所示。将前景色设为白色。按Alt+Delete组合键，用前景色填充选区。按Ctrl+D组合键，取消选区，效果如图10-37所示。

图10-36

图10-37

（6）单击"图层"控制面板下方的"添加图层样式"按钮 fx，在弹出的菜单中选择"渐变叠加"命令，弹出"渐变叠加"对话框，单击"渐变"选项右侧的"点按可编辑渐变"按钮，弹出"渐变编辑器"对话框，在"位置"选项中分别输入0、37、69、100四个位置点，分别设置四个位置点颜色的RGB值为0（208，177，71），37（239，241，132），69（209，183，73），100（234，230，94）。单击"确定"按钮，返回"渐变叠加"对话框，其他选项的设置如图10-38所示，效果如图10-39所示。

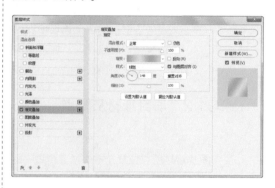

图10-38

图10-39

（7）在"图层"控制面板中，按住Shift键的同时，单击"文字"图层，将需要的图层同时选取。按Ctrl+G组合键，群组图层并将其命名为"文字"。房地产广告制作完成。

练习1.1　项目背景及要求

1. 客户名称

新英语教育培训有限公司。

2. 客户需求

新英语教育培训有限公司是一家从事少儿英语教育的培训机构。本例是为公司制作活动宣传单，在设计上要求能传达出快乐英语、因材施教的经营理念。

3. 设计要求

（1）使用橙色渐变营造欢快活泼、积极向上的氛围。

（2）主体版面和宣传性文字搭配合理，使画面整体具有较强的视觉冲击力。

（3）文字内容简洁明了，体现培训机构的优势和特点。

（4）设计要体现轻松学习、快乐英语的宣传主题。

（5）设计规格为210毫米（宽）×297毫米（高），分辨率为300像素/英寸。

练习1.2　项目素材及要点

1. 设计素材

图片素材所在位置：本书学习资源中的"Ch10\素材\制作英语学习宣传单\01～06"。

2. 设计作品

设计作品效果所在位置：本书学习资源中的"Ch10\效果\制作英语学习宣传单.psd"，如图10-40所示。

3. 制作要点

使用移动工具添加素材，使用横排文字工具添加说明文字，使用图层样式为文字和图形添加效果，使用自定形状工具绘制装饰图形，使用变形文字命令制作文字效果。

图10-40

课堂练习2——制作空调扇Banner广告

练习2.1　项目背景及要求

1．客户名称

戴森尔家电专卖店。

2．客户需求

戴森尔是一家主营家电零售的电商网店，贩售家具、配件、浴室和厨房用品等。公司近期推出新款变频空调扇，现需要为其制作一个全新的网店首页海报，海报要起到宣传公司新产品的作用。

3．设计要求

（1）设计风格要简洁大方，给人整洁干练的感觉。

（2）以产品图片为主体，给用户带来直观感受。

（3）画面色彩清新干净，与宣传的主题相呼应。

（4）使用直观醒目的文字来诠释广告内容，表现活动特色。

（5）设计规格为1920像素（宽）×800像素（高），分辨率为72像素/英寸。

练习2.2　项目素材及要点

1．设计素材

图片素材所在位置：本书学习资源中的"Ch10\素材\制作空调扇Banner广告\01～05"。

2．设计作品

设计作品效果所在位置：本书学习资源中的"Ch10\效果\制作空调扇Banner广告.psd"，如图10-41所示。

3．制作要点

使用椭圆工具和高斯模糊滤镜命令为空调扇添加投影，使用色阶调整层调整图片颜色，使用圆角矩形工具、横排文字工具和字符控制面板添加产品品牌及相关功能。

图10-41

课后习题1——制作促销广告

习题1.1　项目背景及要求

1. 客户名称

百会网。

2. 客户需求

百会网是一个电商销售平台，提供各类服饰、美容、家居、数码、图书、食品等零售服务。平台目前推出最新的促销活动，现要制作针对本次活动的宣传广告，要求能适用于街头派发、橱窗及公告栏展示，以宣传促销活动为主要内容进行设计。

3. 设计要求

（1）广告背景醒目抢眼，通过对局部高光的处理起到衬托的作用。

（2）文字设计具有特色，在画面中视觉突出，将本次活动全面概括地表现出来。

（3）色彩对比强烈一些，形成视觉冲击。

（4）广告设计能够带给观者品质感，并能体现网站风格。

（5）设计规格为210毫米（宽）×297毫米（高），分辨率为300像素/英寸。

习题1.2　项目素材及要点

1. 设计素材

图片素材所在位置：本书学习资源中的"Ch10\素材\制作促销广告\01～08"。

2. 设计作品

设计作品效果所在位置：本书学习资源中的"Ch10\效果\制作促销广告.psd"，如图10-42所示。

3. 制作要点

使用渐变工具、画笔工具、钢笔工具和图层的混合模式制作背景效果，使用移动工具添加素材，使用多边形工具和椭圆工具绘制标牌底图，使用横排文字工具添加文字信息。

图10-42

课后习题2——制作奶茶宣传单

习题2.1 项目背景及要求

1. 客户名称

周记奶茶店。

2. 客户需求

周记奶茶店是一家连锁经营的甜品店，主营各类奶茶、果饮和蛋糕。该店目前推出新品奶茶促销活动，现要制作关于新品的宣传广告，为用户传递健康饮品的概念，从而提升店内客流量。

3. 设计要求

（1）背景颜色以暖色调为主，与甜品搭配，以引发食欲。

（2）以产品为主体，重点表现产品的品质。

（3）标题设计简洁明了，重点表现优惠信息。

（4）设计风格要能体现优质原料的宣传主题。

（5）设计规格为210毫米（宽）×297毫米（高），分辨率为300像素/英寸。

习题2.2 项目素材及要点

1. 设计素材

图片素材所在位置：本书学习资源中的"Ch10\素材\制作奶茶宣传单\01~04"。

2. 设计作品

设计作品效果所在位置：本书学习资源中的"Ch10\效果\制作奶茶宣传单.psd"，如图10-43所示。

3. 制作要点

使用横排文字工具添加文字信息，使用钢笔工具和横排文字工具制作路径文字，使用矩形工具和椭圆工具绘制装饰图形。

图10-43

10.2.1 项目背景及要求

1. 客户名称

xxxx出版社。

2. 客户需求

xxxx出版社是一家为广大读者提供优质图书的出版社。出版社目前有一本摄影图书需要设计封面及封底。

3. 设计要求

（1）画面要以优秀摄影作品为主要内容，以吸引读者的注意。

（2）添加推荐文字，布局合理，主次分明。

（3）封底与封面相呼应，向读者传达主要的信息内容。

（4）设计风格醒目直观，让人印象深刻。

（5）设计规格为355毫米（宽）×229毫米（高），分辨率300像素/英寸。

10.2.2 项目素材及要点

1. 设计素材

图片素材所在位置：本书学习资源中的"Ch10\素材\制作摄影摄像书籍封面\01~10"。

2. 设计作品

设计作品效果所在位置：本书学习资源中的"Ch10\效果\制作摄影摄像书籍封面.psd"，如图10-44所示。

3. 制作要点

使用矩形工具、移动工具和剪贴蒙版制作主体照片，使用横排文字工具添加书籍信息，使用矩形工具和自定形状工具绘制标识。

图10-44

10.2.3 案例制作步骤

1. 制作书籍封面

（1）按Ctrl+N组合键，弹出"新建文档"对话框，设置宽度为35.5厘米，高度为22.9厘米，分辨率为300像素/英寸，颜色模式为RGB，背景内容为灰色（233，233，233），单击"创建"按钮，新建一个文件。

（2）选择"视图 > 新建参考线"命令，在弹出的对话框中进行设置，如图10-45所示，单击"确定"按钮，效果如图10-46所示。

图10-45　　　　　　　　图10-46

（3）使用相同的方法在18.5厘米处新建另一条垂直参考线，如图10-47所示。选择矩形工具 ▢.，在属性栏的"选择工具模式"选项中选择"形状"，将"填充"颜色设为蓝绿色（171，219，219），"描边"颜色设为无。在图像窗口中适当的位置绘制矩形，效果如图10-48所示。此时，"图层"控制面板中会生成新的形状图层"矩形1"。

图10-47

图10-48

（4）按Ctrl+O组合键，打开本书学习资源中的"Ch10\素材\制作摄影摄像书籍封面\01"文件。选择移动工具 ，将"01"图像拖曳到新建的图像窗口中适当的位置并调整大小，如图10-49所示。此时，"图层"控制面板中会生成新的图层，将其命名为"照片1"。按Alt+Ctrl+G组合键，创建剪贴蒙版，如图10-50所示，效果如图10-51所示。

图10-49

图10-50

图10-51

（5）按住Shift键的同时，单击"矩形1"图层，将"矩形1"和"照片1"图层同时选取。按Ctrl+J组合键，复制图像，生成新的图层"矩形1 拷贝"和"照片1 拷贝"，如图10-52所示。按Ctrl+T组合键，图像周围出现变换框，将其

图10-52

拖曳到适当的位置，按Enter键确认操作，效果如图10-53所示。选择"照片1拷贝"图层，按Delete键，删除该图层，效果如图10-54所示。

图10-53

图10-54

（6）按Ctrl+T组合键，图像周围出现变换框，将鼠标指针放在下方中间的控制手柄上，向上拖曳到适当的位置，用相同的方法向右拖曳右侧中间的控制手柄，调整大小，按Enter键确认操作，效果如图10-55所示。

（7）按Ctrl+O组合键，打开本书学习资源中的"Ch10\素材\制作摄影摄像书籍封面\02"文件。选择移动工具 ，将"02"图像拖曳到新建的图像窗口中适当的位置并调整大小，如图10-56所示。此时，"图层"控制面板中会生成新的图层，将其命名为"照片2"。按Alt+Ctrl+G组合键，创建剪贴蒙版，效果如图10-57所示。使用相同的方法，制作出如图10-58所示的效果。

图10-55

图10-56

图10-57　　　　　　　　图10-58

（8）选择横排文字工具 T，输入需要的文字并选取文字，在属性栏中选择合适的字体并设置文字大小，设置文字颜色为黑色，效果如图10-59所示。使用相同的方法再次分别输入文字，在属性栏中分别选择合适的字体并设置文字大小，设置文字颜色为橘黄色（255，87，9），效果如图10-60所示。

图10-59　　　　　　　　图10-60

（9）按Ctrl+O组合键，打开本书学习资源中的"Ch10\素材\制作摄影摄像书籍封面\07"文件。选择移动工具 ，将"07"图像拖曳到新建的图像窗口中适当的位置并调整大小，如图10-61所示。此时，"图层"控制面板中会生成新的图层，将其命名为"相机"。

（10）选择横排文字工具 T，在适当的位置拖曳文本框输入需要的文字并选取文字，在属性栏中选择合适的字体并设置文字大小，设置文字颜色为黑色，效果如图10-62所示。

图10-61　　　　　　　　图10-62

（11）单击右对齐文本按钮 ，效果如图10-63所示。按Alt+↓组合键，调整行间距。按Alt+→组合键，调整字间距，效果如图10-64所示。再次输入其他文字，制作出如图10-65所示的效果。

图10-63

图10-64　　　　　　　　图10-65

（12）选择矩形工具 ，在属性栏中将"填充"颜色设为绿色（111，194，20），描边颜色设为无，在图像窗口中绘制矩形，效果如图10-66所示。此时，"图层"控制面板中会生成新的形状图层"矩形2"。

（13）选择自定形状工具 ，单击属性栏中的"形状"选项右侧的 按钮，弹出"形状"面板，单击面板右上方的 按钮，在弹出的菜单中选择"全部"选项，弹出提示对话框，如图10-67所示，单击"确定"按钮。

图10-66　　　　　　　　图10-67

（14）在"形状"面板中选择需要的图形，如图10-68所示。在属性栏中将"填充"颜色设为黑色，"描边"颜色设为无，在图像窗口中适当的位置绘制图形，如图10-69所示。此时，"图层"控制面板中会生成新的形状图层"形状 1"。

图10-68　　　　　　　图10-69

（15）选择横排文字工具 T.，输入需要的文字并选取文字，在属性栏中选择合适的字体并设置文字大小，设置文字颜色为黑色。按Alt+→组合键，调整字间距，效果如图10-70所示。使用相同的方法再次输入文字，效果如图10-71所示。

GA　　　　　　GA ××××出版社

图10-70　　　　　　　图10-71

（16）在"图层"控制面板中，按住Shift键的同时，单击"矩形1"图层，将需要的图层同时选取。按Ctrl+G组合键，群组图层并将其命名为"封面"。

2. 制作书籍封底

（1）选择矩形工具 ，在属性栏中将"填充"颜色设为灰色（170，170，170），"描边"颜色设为无，在图像窗口中绘制矩形，效果如图10-72所示。此时，"图层"控制面板中会生成新的形状图层"矩形3"。

图10-72

（2）按Ctrl+O组合键，打开本书学习资源中的"Ch10\素材\制作摄影摄像书籍封面\08"文件。选择移动工具 +.，将"08"图像拖曳到新建的图像窗口中适当的位置并调整大小，如图10-73所示。此时，"图层"控制面板中会生成新的图层，将其命名为"照片7"。按Alt+Ctrl+G组合键，创建剪贴蒙版，如图10-74所示，效果如图10-75所示。

图10-73

图10-74　　　　　　　图10-75

（3）按住Shift键的同时，单击"矩形3"图层，将"矩形3"和"照片7"图层同时选取。按Ctrl+J组合键，复制图像，生成新的图层"矩形3 拷贝"和"照片7 拷贝"，如图10-76所示。按Ctrl+T组合键，图像周围出现变换框，将其拖曳到适当的位置，效果如图10-77所示。选择"照片7拷贝"图层，按Delete键，删除该图层，效果如图10-78所示。

图10-76

图10-77　　　　　　　　　图10-78

（4）按Ctrl+O组合键，打开本书学习资源中的"Ch10\素材\制作摄影摄像书籍封面\09"文件。选择移动工具 ⊕，将"09"图像拖曳到新建的图像窗口中适当的位置并调整大小，如图10-79所示。此时，"图层"控制面板中会生成新的图层，将其命名为"照片8"。按Alt+Ctrl+G组合键，创建剪贴蒙版，效果如图10-80所示。使用相同的方法，制作出如图10-81所示的效果。

图10-79　　　　　图10-80　　　　　图10-81

（5）选择横排文字工具 T，输入需要的文字并选取文字，在属性栏中选择合适的字体并设置文字大小，设置文字颜色为黑色，效果如图10-82所示。选中文字"出版人"，按Alt+→组合键，调整字间距，效果如图10-83所示。

图10-82　　　　　　　　　图10-83

（6）选择矩形工具 ▢，在属性栏中将"填充"颜色设为白色，"描边"颜色设为无，在图像窗口中绘制矩形，效果如图10-84所示。此时，"图层"控制面板中生成新的形状图层"矩形4"。按Ctrl+J组合键，复制图层，生成新的图层"矩形4 拷贝"，如图10-85所示。

图10-84　　　　　　　　　图10-85

（7）按Ctrl+T组合键，图形周围出现变换框，将鼠标指针放在下方中间的控制手柄上，向上拖曳到适当的位置，按Enter键确认操作。在属性栏中将"填充"颜色设为橘黄色（255，87，9），效果如图10-86所示。

（8）选择移动工具 ⊕，按住Alt+Shift组合键的同时，将图形向下拖曳到适当的位置，复制图形，效果如图10-87所示。此时，"图层"控制面板中会生成新的图层"矩形4 拷贝2"。

图10-86　　　　　　　　　图10-87

（9）选择横排文字工具 T，分别输入需要的文字并选取文字，在属性栏中选择合适的字体并设置文字大小，设置文字颜色为白色，效果如图10-88所示。分别选中文字，按Alt+→组合键，调整字间距，效果如图10-89所示。

（10）在"图层"控制面板中，按住Shift键的同时，单击"矩形3"图层，将需要的图层同时选取。按Ctrl+G组合键，群组图层并将其命名为"封底"。

图10-88　　　　　　　图10-89

3. 制作书籍书脊

（1）在"封面"图层组中，按住Ctrl键的同时，分别单击"走进摄影世界"和"构图与用光"图层，将其同时选取，如图10-90所示。按Ctrl+J组合键，复制图层，生成新的图层"走进摄影世界 拷贝"和"构图与用光 拷贝"。将其拖曳到所有图层的上方，如图10-91所示。选择移动工具 ，将文字拖曳到适当的位置，效果如图10-92所示。

图10-90

图10-91　　　　　　　图10-92

（2）选择横排文字工具 ，在属性栏中单击"切换文本取向"按钮 ，竖排文字，效果如图10-93所示。分别选取文字，并调整其大小。选择移动工具 ，将文字分别拖曳到适当的位置，效果如图10-94所示。

图10-93　　　　　　　图10-94

（3）按住Ctrl键的同时，分别单击"相机""矩形2"和"形状1"图层，将其同时选取。按Ctrl+J组合键，复制图层，生成新的图层"相机 拷贝""矩形2拷贝"和"形状1拷贝"。将其拖曳到所有图层的上方，如图10-95所示。选择移动工具 ，分别将图形和图像拖曳到适当的位置，并调整大小，效果如图10-96所示。

图10-95　　　　　　　图10-96

（4）使用上述方法复制其他文字，并调整文字取向和大小，制作出如图10-97所示的效果。按住Shift键的同时，单击"走进摄影世界拷贝"图层，将需要的图层同时选取。按Ctrl+G组合键，群组图层并将其命名为"书脊"，如图10-98所示。摄影摄像书籍封面制作完成。

图10-97　　　　　　　图10-98

练习1.1 项目背景及要求

1. 客户名称

xxxx出版社。

2. 客户需求

xxxx出版社是一家专注于出版美食类书籍的出版社。在日常生活中，饮食搭配直接关系到儿童的成长与健康，越来越多的妈妈想要了解相关的知识，因此儿童饮食书籍应运而生。本例是为儿童饮食书籍设计封面，要求表现出健康活泼的风格。

3. 设计要求

（1）使用绿色为底色，传达出健康积极的生活态度和让宝宝茁壮成长的美好寓意。

（2）装饰图片的编排需要直观地反映书籍内容，与宣传的主题相呼应。

（3）简洁的书籍名称和介绍性文字设计，清晰地体现书籍的宣传主题。

（4）设计要可爱活泼，能使人产生快乐感。

（5）设计规格为200毫米（宽）×100毫米（高），分辨率为300像素/英寸。

练习1.2 项目素材及要点

1. 设计素材

图片素材所在位置：本书学习资源中的"Ch10\素材\制作宝宝美食书籍封面\01~10"。

2. 设计作品

设计作品效果所在位置：本书学习资源中的"Ch10\效果\制作宝宝美食书籍封面.psd"，如图10-99所示。

3. 制作要点

使用新建参考线命令添加参考线，使用椭圆工具、椭圆选框工具、钢笔工具、图层蒙版和剪贴蒙版制作封面图片，使用色阶调整层调整图片，使用横排文字工具、直排文字工具和矩形工具添加书名和介绍性文字，使用自定形状工具添加需要的图形。

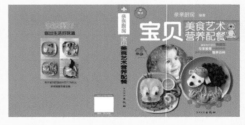

图10-99

课堂练习2——制作花艺工坊书籍封面

练习2.1　项目背景及要求

1. 客户名称

花艺工坊。

2. 客户需求

花艺工坊是一家致力于将花艺爱好者培养成花艺设计师的花艺坊。本案例是为花艺工坊制作书籍封面，封面要新颖别致，体现出花艺的特点。

3. 设计要求

（1）设计要清新文艺，体现出花艺的特点。

（2）以实景照片作为封面的背景底图，文字与图片搭配合理，具有美感。

（3）色彩要围绕照片进行设计搭配，达到舒适自然的效果。

（4）标题要直观醒目，具有设计感。

（5）设计规格为391毫米（宽）×266毫米（高），分辨率为150像素/英寸。

练习2.2　项目素材及要点

1. 设计素材

图片素材所在位置：本书学习资源中的"Ch10\素材\制作花艺工坊书籍封面\01~02"。

2. 设计作品

设计作品效果所在位置：本书学习资源中的"Ch10\效果\制作花艺工坊书籍封面.psd"，如图10-100所示。

3. 制作要点

使用新建参考线命令添加参考线，使用置入命令置入图片，使用剪切蒙版和矩形工具制作图像显示效果，使用文字工具添加文字信息，使用钢笔工具和直线工具添加装饰图案，使用图层混合模式选项更改图像的显示效果。

图10-100

课后习题1——制作励志书籍封面

习题1.1 项目背景及要求

1. 客户名称

xxxx出版社。

2. 客户需求

xxxx出版社是一家以出版教育类、专业类、科技类、文学类等为主的综合性大型出版社。本例是为出版社新推出的一本励志类图书设计封面，要求清晰、准确地表现出合理运用时间和积极向上的主题。

3. 设计要求

（1）使用对比强烈的背景色，使画面具有吸引力。

（2）装饰元素与标题合理搭配，突出设计感。

（3）文字信息搭配合理，清晰体现书籍主题。

（4）设计要高端大气，以激发消费者的购买欲望。

（5）设计规格为355毫米（宽）×229毫米（高），分辨率为300像素/英寸。

习题1.2 项目素材及要点

1. 设计素材

图片素材所在位置：本书学习资源中的"Ch10\素材\制作励志书籍封面\01～02"。

2. 设计作品

设计作品效果所在位置：本书学习资源中的"Ch10\效果\制作励志书籍封面.psd"，如图10-101所示。

3. 制作要点

使用新建参考线命令添加参考线，使用矩形工具和剪贴蒙版为图片添加剪切效果，使用多边形工具绘制菱形，使用横排文字工具和字符面板添加并编辑文字，使用多边形工具和内阴影命令制作装饰图形。

图10-101

课后习题2——制作青春年华书籍封面

习题2.1　项目背景及要求

1. 客户名称

xxxx出版社。

2. 客户需求

xxxx出版社是一家专注于出版教育类书籍的出版社。该社目前有一本关于青少年的文学类图书需要设计封面，封面设计时希望能表现出健康活泼、积极向上的氛围。

3. 设计要求

（1）背景通过暖色调的点缀，给人青春活力的感觉。

（2）书籍的标题要具有设计感，且富有张力。

（3）设计元素中搭配青少年的照片，让人更有代入感。

（4）添加一些辅助装饰图形，使画面显得更加丰富、生动。

（5）设计规格为456毫米（宽）×303毫米（高），分辨率为300像素/英寸。

习题2.2　项目素材及要点

1. 设计素材

图片素材所在位置：本书学习资源中的"Ch10\素材\制作青春年华书籍封面\01~06"。

2. 设计作品

设计作品效果所在位置：本书学习资源中的"Ch10\效果\制作青春年华书籍封面.psd"，如图10-102所示。

3. 制作要点

使用圆角矩形工具和剪贴蒙版制作封面背景图，使用自定形状工具绘制箭头，使用文字工具和图层样式制作书名，使用混合模式和不透明度选项制作图片的叠加效果。

图10-102

10.3 包装设计——制作果汁饮料包装

10.3.1 项目背景及要求

1. 客户名称

天乐饮料（广州）有限公司。

2. 客户需求

天乐饮料有限公司是一家以生产纯天然果汁为主的饮料企业。本例是为公司设计有机水果饮料包装，有机水果饮料主要针对的消费者是关注健康、注重营养膳食结构的人群，因此在包装设计上要体现出果汁来源于新鲜水果的概念。

3. 设计要求

（1）包装风格要以卡其色和粉红色为主，体现出产品新鲜、健康的特点。

（2）字体要简洁大气，配合整体的包装风格，让人印象深刻。

（3）设计以水果图片为主，图文搭配，编排合理。

（4）以真实简洁的方式向观者传达信息内容。

（5）设计规格为290毫米（宽）×290毫米（高），分辨率为300像素/英寸。

10.3.2 项目素材及要点

1. 设计素材

图片素材所在位置：本书学习资源中的"Ch10\素材\制作果汁饮料包装\01~11"。

2. 设计作品

设计作品效果所在位置：本书学习资源中的"Ch10\效果\制作果汁饮料包装.psd"，如图10-103所示。

3. 制作要点

使用新建参考线命令添加参考线，使用选框工具和绘图工具绘制背景底图，使用移动工具、图层蒙版和画笔工具制作水果和自然图片，使用横排文字工具和文字变形命令添加宣传文字，使用自由变换命令和钢笔工具制作立体效果。

图10-103

10.3.3 案例制作步骤

1. 绘制正面图形

（1）按Ctrl+N组合键，弹出"新建文档"对话框，设置宽度为29厘米，高度为29厘米，分辨率为300像素/英寸，颜色模式为RGB，背景内容为白色，单击"创建"按钮，新建一个文件。

（2）选择"视图 > 新建参考线"命令，弹出"新建参考线"对话框，选项的设置如图10-104所示，单击"确定"按钮，完成垂直参考线的创建，效果如图10-105所示。

图10-104   图10-105

（3）使用相同的方法在14厘米、21厘米和28厘米处分别新建垂直参考线，如图10-106所示。在0.7厘米、1.5厘米、5.5厘米、25厘米和28.3厘米处新建水平参考线，如图10-107所示。

图10-106　　　　　　　图10-107

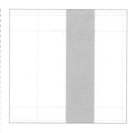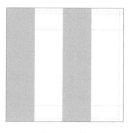

图10-111　　　　　　　图10-112

（4）选择圆角矩形工具◻，在属性栏的"选择工具模式"选项中选择"路径"，将"半径"选项设为40像素。在图像窗口中适当的位置绘制圆角矩形，效果如图10-108所示。在"属性"面板中单击"将角半径值链接到一起"按钮◠，修改左下角和右下角的圆角半径值，如图10-109所示。按Ctrl+Enter组合键，将路径转换为选区，如图10-110所示。

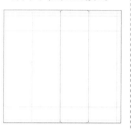

图10-108

（7）选择矩形选框工具▭，在图形下方绘制选区，如图10-113所示。按Delete键，删除选区中的图形。按Ctrl+D组合键，取消选区，如图10-114所示。

图10-113　　　　　　　图10-114

（8）新建图层并将其命名为"粉底色"。选择矩形选框工具▭，在适当的位置绘制选区，如图10-115所示。将前景色设为粉色（236，64，97）。按Alt+Delete组合键，用前景色填充选区。按Ctrl+D组合键，取消选区，如图10-116所示。

图10-109　　　　　　　图10-110

（5）新建图层并将其命名为"卡其底色"。将前景色设为卡其色（223，209，175）。按Alt+Delete组合键，用前景色填充选区。按Ctrl+D组合键，取消选区，如图10-111所示。

（6）选择移动工具✛，按住Alt+Shift组合键的同时，将图形拖曳到适当的位置，复制图形，如图10-112所示。此时，"图层"控制面板中会生成新的图层"卡其底色 拷贝"。

图10-115　　　　　　　图10-116

（9）选择移动工具✛，按住Alt+Shift组合键的同时，将图形拖曳到适当的位置，复制图形，如图10-117所示。此时，"图层"控制面板中会生成新的图层"粉底色拷贝"。选择多边形套索工具，在适当的位置绘制选区，如图10-118所示。按Alt+Delete组合键，用前景色填充选区。按Ctrl+D组合键，取消选区，如图10-119所示。

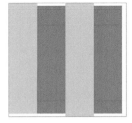

图10-117

图10-118

图10-119

（10）按Ctrl+O组合键，打开本书学习资源中的"Ch10\素材\制作果汁饮料包装\01、02"文件。选择移动工具，将"01""02"图像分别拖曳到新建的图像窗口中适当的位置并调整大小，如图10-120所示。此时，"图层"控制面板中会生成新的图层，将其分别命名为"果篮"和"水果"。将"果篮"图层拖曳到"水果"图层的上方，调整图层顺序，效果如图10-121所示。

图10-120

图10-121

（11）单击"图层"控制面板下方的"添加图层蒙版"按钮，为"果篮"图层添加图层蒙版。将前景色设为黑色。选择画笔工具，在属性栏中单击"画笔"选项右侧的按钮，弹出画笔选择面板，选项的设置如图10-122所示。在图像窗口中进行涂抹，擦除不需要的图像，效果如图10-123所示。

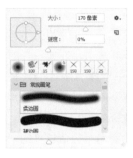

图10-122

图10-123

（12）新建图层并将其命名为"果篮投影"。将前景色设为黑灰色（61，46，0）。选择椭圆工具，在属性栏的"选择工具模式"选项中选择"像素"，在图像窗口中适当的位置绘制椭圆形，效果如图10-124所示。选择"滤镜 > 模糊 > 高斯模糊"命令，在弹出的对话框中进行设置，如图10-125所示，单击"确定"按钮，效果如图10-126所示。

图10-124

图10-125

图10-126

（13）将"果篮投影"图层拖曳到"水果"图层的下方，调整图层顺序，效果如图10-127所示。按Ctrl+O组合键，打开本书学习资源中的"Ch10\素材\制作果汁饮料包装\03"文件。选择移动工具 ⊕，将"03"图像拖曳到新建的图像窗口中适当的位置并调整大小。此时，"图层"控制面板中会生成新的图层，将其命名为"叶子"。将该图层拖曳到"果篮投影"图层的下方，调整图层顺序，效果如图10-128所示。

图10-127　　　　　　　图10-128

（14）单击"图层"控制面板下方的"添加图层样式"按钮 *fx*，在弹出的菜单中选择"投影"命令，在弹出的对话框中进行设置，如图10-129所示，单击"确定"按钮，效果如图10-130所示。

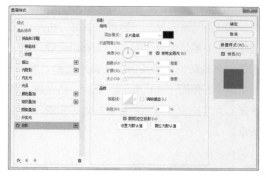

图10-129

图10-130

（15）选中"果篮"图层。按Ctrl+O组合键，打开本书学习资源中的"Ch10\素材\制作果汁饮料包装\04、05、06"文件。选择移动工具 ⊕，将"04""05""06"图像分别拖曳到新建的图像窗口中适当的位置并调整大小，如图10-131所示。此时，"图层"控制面板中会生成新的图层，将其分别命名为"覆盆子""树枝""小鸟"。

（16）选择椭圆工具 ○，在属性栏的"选择工具模式"选项中选择"形状"，将"填充"颜色设为粉色（236，64，97），"描边"颜色设为无。按住Shift键的同时，在图像窗口适当的位置绘制圆形，如图10-132所示。此时"图层"控制面板中会生成新的形状图层"椭圆1"。

图10-131　　　　　　　图10-132

（17）选择钢笔工具 ∅，在图像窗口中绘制需要的图形，如图10-133所示。此时，"图层"控制面板中会生成新的形状图层"形状1"。

（18）选中"果篮"图层。按Ctrl+O组合键，打开本书学习资源中的"Ch10\素材\制作果汁饮料包装\07"文件。选择移动工具 ⊕，将"07"图像拖曳到新建的图像窗口中适当的位置，效果如图10-134所示。此时，"图层"控制面板中会生成新的图层，将其命名为"飘带"。

图10-133　　　　　　　　图10-134

（19）选择横排文字工具 T，输入需要的文字并选取文字，在属性栏中选择合适的字体并设置文字大小，设置文字颜色为粉色（236，64，97），效果如图10-135所示。选择"文字 > 文字变形"命令，在弹出的对话框中进行设置，如图10-136所示，单击"确定"按钮，效果如图10-137所示。

图10-135

图10-136　　　　　　　　图10-137

（20）使用相同的方法分别输入文字，在属性栏中分别选择合适的字体并设置文字大小，设置文字颜色为浅卡其色（246，232，199），效果如图10-138所示。再次在适当的位置输入文字，设置文字颜色为粉色（236，64，97），效果如图10-139所示。

（21）按住Shift键的同时，单击"叶子"图层，将需要的图层同时选取。按Ctrl+G组合键，群组图层并将其命名为"面1"。按Ctrl+J组合键，复制图层组，生成新的图层组"面1拷贝"。按Ctrl+T组合键，图像周围出现变换

框，将其拖曳到适当的位置，效果如图10-140所示。

图10-138

图10-139　　　　　　　　图10-140

2. 绘制侧面图形

（1）新建图层组并将其命名为"面2"。在"面1"图层组中，选中"有机水果"图层，按住Shift键的同时，单击"飘带"图层，将两个图层间的所有图层同时选取。按Ctrl+J组合键，复制图层，生成新的拷贝图层。将其拖曳到"面2"图层组中，如图10-141所示。按Ctrl+T组合键，将图形和文字拖曳到适当的位置，效果如图10-142所示。

图10-141　　　　　　　　图10-142

（2）使用相同的方法复制其他图层，拖曳到适当的位置并调整大小，效果如图10-143所示。新建图层并将其命名为"白色矩形"。将前景色设为白色。选择矩形工具 □，在属性栏的"选择工具模式"选项中选择"像素"，在图像窗口中适当的位置绘制矩形，效果如图10-144所示。

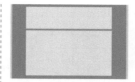

图10-147　　　　　　图10-148

图10-143　　　　　　图10-144

（5）选中"果篮"图层。按Ctrl+O组合键，打开本书学习资源中的"Ch10\素材\制作果汁饮料包装\08"文件。选择移动工具 ⊕，将"08"图像拖曳到新建的图像窗口中适当的位置，效果如图10-149所示。此时，"图层"控制面板中会生成新的图层，将其命名为"文字"。

（6）在"面1"图层组中，选中"小鸟"图层。按Ctrl+J组合键，复制图层，生成新的拷贝图层。将其拖曳到"文字"图层的上方，如图10-150所示。按Ctrl+T组合键，将图像拖曳到适当的位置并调整大小，效果如图10-151所示。

（3）在"图层"控制面板中，将该图层的"不透明度"选项设为80%，如图10-145所示，效果如图10-146所示。

图10-149

图10-145　　　　　　图10-146

（4）按Ctrl+J组合键，复制矩形，生成新的图层"白色矩形 拷贝"。选择移动工具 ⊕，按住Shift键的同时，将其拖曳到适当的位置。按Ctrl+T组合键，图像周围出现变换框，将鼠标指针放在下方中间的控制手柄上，向下拖曳到适当的位置，调整大小，按Enter键确认操作，效果如图10-147所示。在"图层"控制面板中，将该图层的"不透明度"选项设为20%，效果如图10-148所示。

图10-150　　　　　　图10-151

（7）选中"面2"图层组。按Ctrl+J组合键，复制图层组，生成新的图层组"面2 拷贝"。按Ctrl+T组合键，图像周围出现变换框，将其拖曳到适当的位置，效果如图10-152所示。

（8）选中"小鸟 拷贝"图层。按住Shift键的同时，单击"叶子 拷贝"图层，将两个图层之间的所有图层同时选取。按Delete键，删除选取的图层，效果如图10-153所示。

图10-152　　　　　　图10-153

（9）按Ctrl+O组合键，打开本书学习资源中的"Ch10\素材\制作果汁饮料包装\09"文件。选择移动工具，将"09"图像拖曳到新建的图像窗口中适当的位置，效果如图10-154所示。此时，"图层"控制面板中会生成新的图层，将其命名为"文字"。

（10）新建图层并将其命名为"条形码"。将前景色设为白色。选择矩形工具，在图像窗口中适当的位置绘制矩形，效果如图10-155所示。选择椭圆工具，按住Shift键的同时，在图像窗口中适当的位置绘制圆形，如图10-156所示。此时，"图层"控制面板中会生成新的形状图层"椭圆2"。果汁饮料包装平面图制作完成。

图10-154　　图10-155　　　图10-156

3. 制作立体效果

（1）按Alt+Shift+Ctrl+E组合键，盖印图层，如图10-157所示。按Ctrl+N组合键，弹出"新建文档"对话框，设置宽度为15厘米，高度为15厘米，分辨率为300像素/英寸，颜色模式为RGB，背景内容为白色，单击"创建"按钮，新建一个文件。

图10-157

（2）选择矩形选框工具，在平面效果图的图像窗口中绘制选区，如图10-158所示。选择移动工具，将选区中的图像拖曳到新建的图像窗口中适当的位置并调整大小，效果如图10-159所示。此时，"图层"控制面板中会生成新的图层"图层1"。

图10-158　　　　　　图10-159

（3）按Ctrl+T组合键，图像周围出现变换框，按住Ctrl键的同时，拖曳左下角的控制手柄到适当的位置，如图10-160所示。分别拖曳其他控制手柄到适当的位置，按Enter键确认操作，效果如图10-161所示。

图10-160　　　　　　图10-161

（4）选择钢笔工具，在属性栏的"选择工具模式"选项中选择"形状"，将"填充"

颜色设为浅黄色（239，222，185），"描边"颜色设为无。在图像窗口中绘制需要的图形，如图10-162所示。此时，"图层"控制面板中会生成新的形状图层"形状1"。再次绘制一个图形，在属性栏中将"填充"颜色设为黑色，如图10-163所示。此时，"图层"控制面板中会生成新的形状图层"形状2"。

图10-162　　　　图10-163

（5）单击"图层"控制面板下方的"添加图层样式"按钮，在弹出的菜单中选择"渐变叠加"命令，弹出对话框。单击"渐变"选项右侧的"点按可编辑渐变"按钮，弹出"渐变编辑器"对话框，将渐变色设为从卡其色（203，187，150）到浅黄色（239，222，185）。单击"确定"按钮，返回"渐变叠加"对话框，其他选项的设置如图10-164所示。单击"确定"按钮，效果如图10-165所示。

图10-164　　　　　图10-165

（6）使用相同的方法在图像窗口中绘制需要的图形，如图10-166所示。此时，"图层"控制面板中会生成新的形状图层"形状3"。单击"图层"控制面板下方的"添加图层样式"按钮，

图10-166

在弹出的菜单中选择"渐变叠加"命令，弹出对话框。单击"渐变"选项右侧的"点按可编辑渐变"按钮，弹出"渐变编辑器"对话框，将渐变色设为从深卡其色（168，154，123）到浅黄色（239，222，185），单击"确定"按钮，返回"渐变叠加"对话框，其他选项的设置如图10-167所示。单击"确定"按钮，效果如图10-168所示。

图10-167　　　　　　图10-168

（7）再次在包装左侧绘制一个图形，如图10-169所示。此时，"图层"控制面板中会生成新的形状图层"形状4"。在属性栏中将"填充"颜色设为浅黄色（239，222，185），如图10-170所示。使用相同的方法再次在包装下方绘制一个图形。此时，"图层"控制面板中会生成新的形状图层"形状5"。在属性栏中将"填充"颜色设为深黄色（178，165，135），如图10-171所示。

（8）在"图层"控制面板中，按住Shift键的同时，单击"图层1"图层，将需要的图层同时选取。按Ctrl+G组合键，群组图层并将其命名为"正面"，如图10-172所示。

图10-169　　图10-170　　图10-171　　　图10-172

（9）返回平面效果图的窗口中。选择矩形选框工具 ，在图像窗口中绘制选区，如图10-173所示。选择移动工具 ，将选区中的图像拖曳到新建的图像窗口中适当的位置并调整大小，效果如图10-174所示。此时，"图层"控制面板中会生成新的图层"图层2"。

图10-173　　　　　图10-174

（10）按Ctrl+T组合键，图像周围出现变换框，按住Ctrl键的同时，拖曳左下角的控制手柄到适当的位置，如图10-175所示。分别拖曳其他控制手柄到适当的位置，按Enter键确认操作，效果如图10-176所示。

图10-175　　　图10-176

（11）选择钢笔工具 ，在图像窗口中绘制需要的图形，如图10-177所示。此时，"图层"控制面板中会生成新的形状图层"形状6"。单击"图层"控制面板下方的"添加图层样式"按钮

图10-177

，在弹出的菜单中选择"渐变叠加"命令，弹出对话框。单击"渐变"选项右侧的"点按可编辑渐变"按钮 ，弹出"渐变编辑器"对话框，将渐变色设为从深粉色（161，40，64）到浅粉色（235，64，98），单击"确定"按钮，返回"渐变叠加"对话框，其他选项的设置如图10-178所示。单击"确定"按钮，效果如图10-179所示。

图10-178　　　　　图10-179

（12）再次绘制一个图形，如图10-180所示。此时，"图层"控制面板中会生成新的形状图层"形状7"。单击"图层"控制面板下方的"添加图层样式"按钮 ，在弹出的菜单中选择"渐变叠加"命令，弹出对话框。单击"渐变"选项右侧的"点按可编辑渐变"按钮 ，弹出"渐变编辑器"对话框，将渐变色设为从浅粉色（235，64，98）到深粉色（82，33，43）。单击"确定"按钮，返回"渐变叠加"对话框，其他选项的设置如图10-181所示。单击"确定"按钮，效果如图10-182所示。

图10-180

图10-181　　　　　图10-182

（13）使用相同的方法再次绘制一个图形，如图10-183所示。此时，"图层"控制面板中会生成新的形状图层"形状8"。单击"图层"控制面板下方的"添加图层样式"按钮 fx，在弹出的菜单中选择"渐变叠加"命令，弹出对话框。单击"渐变"选项右侧的"点按可编辑渐变"按钮 ▧ ，弹出"渐变编辑器"对话框，将渐变色设为从深粉色（181，53，78）到浅粉色（250，94，125）。单击"确定"按钮。返回"渐变叠加"对话框，其他选项的设置如图10-184所示。单击"确定"按钮，效果如图10-185所示。

图10-183

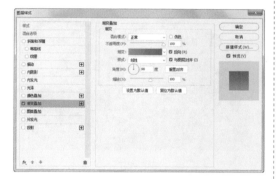

图10-184

图10-185

（14）再次绘制一个图形，如图10-186所示。此时，"图层"控制面板中会生成新的形状图层"形状9"。在属性栏中将"填充"颜色设为深红色（130，23，44），如图10-187所示。

（15）在"图层"控制面板中，按住Shift键的同时，单击"图层2"图层，将需要的图层同时选取。按Ctrl+G组合键，群组图层并将其命名为"侧面"，如图10-188所示。

图10-186

图10-187

图10-188

（16）按Ctrl+O组合键，打开本书学习资源中的"Ch10\素材\制作果汁饮料包装\10"文件。选择移动工具 ⊕ ，将"10"图像拖曳到新建的图像窗口中适当的位置。此时，"图层"控制面板中会生成新的图层，将其命名为"盖"，如图10-189所示，效果如图10-190所示。

图10-189

图10-190

（17）在"图层"控制面板中，按住Shift键的同时，单击"正面"图层组，将需要的图层同时选取。按Ctrl+J组合键，复制图层。按Ctrl+E组合键，合并图层，生成新的图层"盖 拷贝"，如图10-191所示。选择移动工具 ⊕ ，将其拖曳到适当的位置并调整大小，如图10-192所示。

图10-191

图10-192

（18）在"图层"控制面板中，将"盖 拷贝"图层拖曳到"正面"图层组的下方，调整图层顺序，如图10-193所示，效果如图10-194所示。果汁饮料包装立体效果图制作完成。

图10-193　　　　　图10-194

4．制作广告效果图

（1）按Ctrl+N组合键，弹出"新建文档"对话框，设置宽度为15厘米，高度为10厘米，分辨率为300像素/英寸，颜色模式为RGB，背景内容为白色，单击"创建"按钮，新建一个文件。

（2）按Ctrl+O组合键，打开本书学习资源中的"Ch10\素材\制作果汁饮料包装\11"文件。选择移动工具 ⊕，将"11"图像拖曳到新建的图像窗口中适当的位置，效果如图10-195所示。此时，"图层"控制面板中会生成新的图层，将其命名为"底图"。

图10-195

（3）返回平面效果图的窗口中。选择移动工具 ⊕，分别选中需要的图形、素材和文字，将其拖曳到新建的图像窗口中并调整大小，如图10-196所示。

图10-196

（4）返回立体效果图的窗口中。选择移动工具 ⊕，选中立体效果图，将其拖曳到新建的图像窗口中并调整大小，如图10-197所示。此时，"图层"控制面板中会生成新的图层，将其命名为"饮料包装"。

图10-197

（5）按Ctrl+T组合键，图像周围出现变换框，将鼠标指针放在变换框的控制手柄外边，指针变为旋转图标 ↰，拖曳鼠标将图像旋转到适当的角度，按Enter键确认操作，效果如图10-198所示。果汁饮料包装效果图制作完成。

图10-198

课堂练习1——制作面包包装

练习1.1 项目背景及要求

1. 客户名称

麦麦食品有限公司。

2. 客户需求

麦麦食品有限公司是一家生产、销售各种面包的食品公司。本例是为公司新出品的牛角包设计制作产品包装，要求能体现出面包健康、美味的特点。

3. 设计要求

（1）使用生活化的背景，体现出休闲、舒适的氛围。

（2）包装的颜色搭配能给人健康、时尚的印象。

（3）以实物产品图片的展示，向顾客传达真实的信息内容。

（4）设计要可爱活泼，使人产生食欲。

（5）设计规格为358毫米（宽）×219毫米（高），分辨率为300像素/英寸。

练习1.2 项目素材及要点

1. 设计素材

图片素材所在位置：本书学习资源中的"Ch10\素材\制作面包包装\01～04"。

2. 设计作品

设计作品效果所在位置：本书学习资源中的"Ch10\效果\制作面包包装.psd"，如图10-199所示。

3. 制作要点

使用钢笔工具绘制包装外形，使用创建新的填充或调整图层按钮调整图像色调，使用混合模式制作包装的暗影效果，使用裁剪工具裁剪图像，使用画笔工具和图层蒙版制作图片的融合效果，使用横排文字工具添加品牌信息。

图10-199

练习2.1 项目背景及要求

1. 客户名称

梁辛绿色食品有限公司。

2. 客户需求

梁辛绿色食品有限公司是一家生产、经营和销售各种绿色食品的公司。本例是为食品公司设计五谷杂粮包装，绿色食品主要针对的消费者是关注健康、注重营养膳食结构的人群，因此在包装设计上要体现出健康、绿色的经营理念。

3. 设计要求

（1）设计要清新典雅，体现出五谷杂粮绿色、健康的特点。

（2）背景与产品包装的色调对比强烈，以突出产品。

（3）包装色调为棕红色，与产品图片合理搭配，给人自然、可靠的印象。

（4）整体设计简单大方，颜色清爽明快，易使人产生购买欲望。

（5）设计规格为297毫米（宽）×140毫米（高），分辨率为300像素/英寸。

练习2.2 项目素材及要点

1. 设计素材

图片素材所在位置：本书学习资源中的"Ch10\素材\制作五谷杂粮包装\01～06"。

2. 设计作品

设计作品效果所在位置：本书学习资源中的"Ch10\效果\制作五谷杂粮包装.psd"，如图10-200所示。

3. 制作要点

使用新建参考线命令分割页面，使用钢笔工具绘制包装平面图，使用羽化命令和图层混合模式制作高光效果，使用图层蒙版命令、渐变工具和图层控制面板制作图片叠加效果，使用图层样式为文字添加特殊效果，使用矩形选框工具和变换命令制作包装立体效果。

图10-200

课后习题1——制作土豆片软包装

习题1.1 项目背景及要求

1. 客户名称

脆乡食品有限公司。

2. 客户需求

脆乡食品有限公司是一家生产、销售各种零食的综合型制造企业，其产品涵盖糖果、巧克力、果冻、糕点和调味品等众多类别。本例是为公司新推出的土豆片设计制作产品包装，要求能体现出土豆片健康、美味的特点。

3. 设计要求

（1）使用橙黄色的背景营造出阳光、舒适的氛围。

（2）绿色叶子和薯片的搭配给人自然、健康的印象。

（3）以土豆和土豆片作为包装封面的元素，表现出自然、真实的特色。

（4）以真实、简洁的方式向观者传达信息内容。

（5）设计规格为212毫米（宽）×100毫米（高），分辨率为100像素/英寸。

习题1.2 项目素材及要点

1. 设计素材

图片素材所在位置：本书学习资源中的"Ch10\素材\制作土豆片软包装\01～08"。

2. 设计作品

设计作品效果所在位置：本书学习资源中的"Ch10\效果\制作土豆片软包装.psd"，如图10-201所示。

3. 制作要点

使用椭圆工具和横排文字工具添加产品相关信息，使用钢笔工具和图层样式制作包装袋底图，使用画笔工具和图层控制面板制作阴影和高光。

图10-201

课后习题2——制作啤酒包装

习题2.1　项目背景及要求

1．客户名称

麦克记啤酒有限公司。

2．客户需求

啤酒是以大麦芽、酒花、水为主要原料，经酵母发酵作用酿制而成的饱含二氧化碳的低酒精度酒，被称为"液体面包"。本例是为麦克记啤酒有限公司制作啤酒包装，在包装设计上希望能够表现出啤酒的健康与美味。

3．设计要求

（1）使用银白色的铝制包装，体现金属质感的同时，也展示出产品较高的品质。

（2）色调简洁，用红色作为点缀。

（3）主体文字应具有设计感。

（4）主题明确，使人具有购买欲望。

（5）设计规格为100毫米（宽）×80毫米（高），分辨率为300像素/英寸。

习题2.2　项目素材及要点

1．设计作品

设计作品效果所在位置：本书学习资源中的"Ch10\效果\制作啤酒包装.psd"，如图10-202所示。

2．制作要点

使用钢笔工具和渐变工具制作罐身和标志，使用椭圆选框工具和图层样式制作罐底，使用模糊工具制作阴影，使用横排文字工具和创建文字变形命令制作文字信息。

图10-202

10.4 App设计——制作电商女装App界面

10.4.1 项目背景及要求

1. 客户名称

快此购App。

2. 客户需求

快此购App是一个手机购物应用App，对于一个电商App而言，商品展示、商品描述、用户收藏、购买、评价等信息都是必要的。本例对商品及信息进行了合理编排，针对各个模块设计了不同的展示场景，不仅美观，而且很实用。

3. 设计要求

（1）使用纯色背景，突出主体内容。

（2）以商品实物照片作为主体元素，图文搭配合理。

（3）版面设计具有美感。

（4）色彩围绕产品进行设计搭配，达到舒适自然的效果。

（5）设计规格为750像素（宽）×1334像素（高），分辨率为72像素/英寸。

10.4.2 项目素材及要点

1. 设计素材

图片素材所在位置：本书学习资源中的"Ch10\素材\制作电商女装App界面\01~06"。

2. 设计作品

设计作品效果所在位置：本书学习资源中的"Ch10\效果\制作电商女装App界面.psd"，如图10-203所示。

3. 制作要点

使用移动工具添加产品图片，使用圆角矩形工具和剪贴蒙版制作界面照片，使用横排文字工具和字符控制面板添加信息内容。

图10-203

10.4.3 案例制作步骤

（1）按Ctrl+N组合键，弹出"新建文档"对话框，设置宽度为750像素，高度为1334像素，分辨率为72像素/英寸，颜色模式为RGB，背景内容为白色，单击"创建"按钮，新建一个文件。

（2）选择"视图 > 新建参考线版面"命令，弹出"新建参考线版面"对话框，选项的设置如图10-204所示，单击"确定"按钮，完成版面参考线的创建，如图10-205所示。

图10-204　　　　　　　　图10-205

（3）选择"视图 > 新建参考线"命令，弹出"新建参考线"对话框，选项的设置如图10-

206所示，单击"确定"按钮，完成水平参考线的创建，效果如图10-207所示。

图10-206　　　　　　图10-207

（4）选择"文件 > 置入嵌入对象"命令，弹出"置入嵌入的对象"对话框，选择本书学习资源中的"Ch10\素材\制作电商女装App界面\01"文件，单击"置入"按钮，将图片置入图像窗口中，并将其拖曳到适当的位置，按Enter键确认操作，效果如图10-208所示。此时，"图层"控制面板中会生成新的图层，将其命名为"状态栏"。

图10-208

（5）新建图层组并将其命名为"导航栏"。按Ctrl+O组合键，打开本书学习资源中的"Ch10\素材\制作电商女装App界面\02"文件。选择移动工具 ⊕.，将"返回"图形拖曳到新建的图像窗口中适当的位置，效果如图10-209所示。此时，"图层"控制面板中会生成新的形状图层"返回"。

图10-209

（6）选择横排文字工具 T.，输入需要的文字并选取文字，在属性栏中选择合适的字体并设

置文字大小，设置文字颜色为灰色（53，53，53），效果如图10-210所示。

图10-210

（7）在"02"图像窗口中，选择移动工具 ⊕.，分别将"分享"和"更多"图形拖曳到新建的图像窗口中适当的位置，效果如图10-211所示。此时，"图层"控制面板中分别生成新的形状图层"分享"和"更多"。

图10-211

（8）选择椭圆工具 ○.，在属性栏的"选择工具模式"选项中选择"形状"，将"填充"颜色设为红色（245，0，0），"描边"颜色设为无。按住Shift键的同时，在图像窗口中适当的位置绘制圆形，如图10-212所示。此时，"图层"控制面板中会生成新的形状图层"椭圆1"。

（9）选择横排文字工具 T.，输入需要的文字并选取文字，在属性栏中选择合适的字体并设置文字大小，设置文字颜色为白色，效果如图10-213所示。

图10-212　　　　图10-213

（10）新建图层组并将其命名为"内容区"。选择圆角矩形工具 ○.，在属性栏中将"填充"颜色设为浅灰色（240，241，242），"描边"颜色设为无，"半径"选项设为4像素，在图像窗口中绘制一个圆角矩形，效果如图

10-214所示。此时，"图层"控制面板中会生成新的形状图层"圆角矩形1"。

（11）在"02"图像窗口中，选择移动工具 ⊕，分别将"放大镜"和"扫码"图形拖曳到新建的图像窗口中适当的位置，效果如图10-215所示。此时，"图层"控制面板中分别生成新的形状图层"放大镜"和"扫码"。

图10-214　　　　　　图10-215

（12）选择横排文字工具 T，输入需要的文字并选取文字，在属性栏中选择合适的字体并设置文字大小，设置文字颜色为浅灰色（197，195，195），效果如图10-216所示。

图10-216

（13）按住Shift键的同时，单击"圆角矩形1"图层，将需要的图层同时选取。按Ctrl+G组合键，群组图层并将其命名为"搜索"，如图10-217所示。

（14）选择圆角矩形工具 ⬭，在属性栏中将"填充"颜色设为深灰色（184，184，184），"描边"颜色设为无，"半径"选项设为4像素，在图像窗口中绘制一个圆角矩形，效果如图10-218所示。此时，"图层"控制面板中会生成新的形状图层"圆角矩形2"。

图10-217　　　　　　图10-218

（15）按Ctrl+O组合键，打开本书学习资源中的"Ch10\素材\制作电商女装App界面\03"文件。选择移动工具 ⊕，将"03"图像拖曳到新建的图像窗口中适当的位置，如图10-219所示。此时，"图层"控制面板中会生成新的图层，将其命名为"女装1"。按Alt+Ctrl+G组合键，创建剪贴蒙版，效果如图10-220所示。

图10-219　　　　　　图10-220

（16）选择横排文字工具 T，分别输入需要的文字并选取文字，在属性栏中选择合适的字体并设置文字大小，设置文字颜色为红色（245，0，0），效果如图10-221所示。选取文字"弹力开襟衫"，在属性栏中设置文字颜色为灰色（53，53，53），效果如图10-222所示。

图10-221　　　　　　图10-222

（17）在"02"图像窗口中，选择移动工具 ⊕，将"关注"图形拖曳到新建的图像窗口中适当的位置，效果如图10-223所示。此时，"图层"控制面板中会生成新的形状图层"关注"。按住Shift键的同时，单击"圆角矩形2"图层，将需要的图层同时选取。按Ctrl+G组合键，群组图层并将其命名为"内容1"，如图10-224所示。

图10-223　　　　图10-224

（18）使用上述方法分别调整图片、输入文字并创建图层组，制作出如图10-225所示的效果。新建图层组并将其命名为"标签栏"。选择矩形工具 ▯，在属性栏中将"填充"颜色设为白色，"描边"颜色设为无，在图像窗口中绘制一个矩形，效果如图10-226所示。此时，"图层"控制面板中会生成新的形状图层"矩形1"。

图10-225　　　　图10-226

（19）单击"图层"控制面板下方的"添加图层样式"按钮 ，在弹出的菜单中选择"投影"命令，在弹出的对话框中进行设置，

如图10-227所示，单击"确定"按钮，效果如图10-228所示。

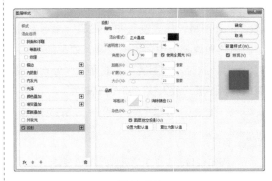

图10-227

图10-228

（20）在"02"图像窗口中，选择移动工具 ，将"首页"图形拖曳到新建的图像窗口中适当的位置，效果如图10-229所示。此时，"图层"控制面板中会生成新的形状图层"首页"。使用相同的方法分别将"关注""社区""购物车"和"个人中心"图形拖曳到新建图像窗口中适当的位置，效果如图10-230所示。此时，"图层"控制面板中分别生成新的形状图层"关注""社区""购物车""个人中心"。电商女装App界面制作完成。

图10-229

图10-230

课堂练习1——制作餐饮类App引导页

练习1.1 项目背景及要求

1. 客户名称

达林诺外卖App。

2. 客户需求

达林诺外卖App是一款便于用户订购外卖餐饮的App。现需要设计一个关于App的引导界面，要求能够吸引顾客的眼球，体现App的特色。

3. 设计要求

（1）使用简洁的纯色背景，突出主题。

（2）矢量元素占据主体，使画面生动、有活力。

（3）整体设计符合大多数用户的使用习惯。

（4）美观大方，能够彰显App的特色。

（5）设计规格为750像素（宽）×1334像素（高），分辨率为72像素/英寸。

练习1.2 项目素材及要点

1. 设计素材

图片素材所在位置：本书学习资源中的"Ch10\素材\制作餐饮类App引导页\01"。

2. 设计作品

设计作品效果所在位置：本书学习资源中的"Ch10\效果\制作餐饮类App引导页.psd"，如图10-231所示。

3. 制作要点

使用置入嵌入对象命令添加素材图片，使用横排文字工具和字符面板添加文字信息，使用椭圆工具和圆角矩形工具绘制滑动点及按钮。

图10-231

练习2.1 项目背景及要求

1. 客户名称

微迪设计公司。

2. 客户需求

微迪设计公司是一家专门从事手机App研发的设计公司。本例是为公司设计开发的一款时尚娱乐App制作引导页，要求界面制作效果简洁、美观。

3. 设计要求

（1）使用一张人物照片作为界面背景，给人无限的遐想和憧憬。

（2）背景和文字搭配合理，具有设计感。

（3）文字分布让画面显得既紧凑又美观，充分利用了空间。

（4）整体设计美观大方，能够彰显App的魅力。

（5）设计规格为750像素（宽）×1334像素（高），分辨率为72像素/英寸。

练习2.2 项目素材及要点

1. 设计素材

图片素材所在位置：本书学习资源中的"Ch10\素材\制作时尚娱乐App引导页\01、02"。

2. 设计作品

设计作品效果所在位置：本书学习资源中的"Ch10\效果\制作时尚娱乐App引导页.psd"，如图10-232所示。

3. 制作要点

使用色阶和阴影/高光命令调整曝光不足的照片，使用移动工具添加文字。

图10-232

课后习题1——制作IT互联网App闪屏页

习题1.1　项目背景及要求

1. 客户名称

申科迪设计公司。

2. 客户需求

申科迪设计公司是一家集UI设计、LOGO设计和VI设计等为一体的设计公司。本例是为公司设计开发的一款购物类App制作闪屏页，要求界面制作效果精美，具有设计感。

3. 设计要求

（1）使用红色的背景营造出积极、舒适的感觉，使人产生购买欲望。

（2）销售产品种类分布清晰，增强画面的空间感。

（3）LOGO的位置醒目，画面精致美观。

（4）充分展现界面的美观性和功能性。

（5）设计规格为750像素（宽）×1334像素（高），分辨率为72像素/英寸。

习题1.2　项目素材及要点

1. 设计素材

图片素材所在位置：本书学习资源中的"Ch10\素材\制作IT互联网App闪屏页\01~11"。

2. 设计作品

设计作品效果所在位置：本书学习资源中的"Ch10\效果\制作IT互联网App闪屏页.psd"，如图10-233所示。

3. 制作要点

使用椭圆工具和矩形工具添加装饰图形，使用移动工具添加产品图片，使用色阶和色相/饱和度调整层调整产品色调，使用横排文字工具添加文字信息，使用置入嵌入对象命令置入图标。

图10-233

习题2.1 项目背景及要求

1. 客户名称

时限设计公司。

2. 客户需求

时限设计公司是一家以App制作、平面设计、网页设计等为主的设计工作室。公司最近要设计一款客户端App界面，界面要求主题突出、功能全面。

3. 设计要求

（1）界面设计要美观精致，功能按钮齐全。

（2）使用深色背景搭配浅色文字，使人观感舒适。

（3）画面以歌手写真为背景，效果独特。

（4）主题要明确，以提高用户使用率。

（5）设计规格为652像素（宽）×1134像素（高），分辨率为72像素/英寸。

习题2.2 项目素材及要点

1. 设计素材

图片素材所在位置：本书学习资源中的"Ch10\素材\制作音乐App界面\01～05"。

2. 设计作品

设计作品效果所在位置：本书学习资源中的"Ch10\效果\制作音乐App界面.psd"，如图10-234所示。

3. 制作要点

使用渐变工具添加底图颜色，使用置入命令置入图片，使用图层蒙版和渐变工具制作图片融合，使用图层样式为图形添加特殊效果，使用横排文字工具添加文字，使用钢笔工具、椭圆工具和直线工具绘制基本图形。

图10-234

10.5 网页设计——制作电子产品网页

10.5.1 项目背景及要求

1. 客户名称

环势电子产品有限公司。

2. 客户需求

环势电子产品有限公司是一家生产电子产品的企业。本例是为公司制作网站首页，要求突出主打产品，展示公司核心竞争力。

3. 设计要求

（1）使用渐变背景，起到衬托的作用，突出主打产品。

（2）以商品实物照片作为主体元素，整体设计直观，具有现代感。

（3）素材搭配合理，展现科技感。

（4）整体页面设计美观时尚，布局主次分明。

（5）设计规格为1000像素（宽）×800像素（高），分辨率为72像素/英寸。

10.5.2 项目素材及要点

1. 设计素材

图片素材所在位置：本书学习资源中的"Ch10\素材\制作电子产品网页\01~10"。

2. 设计作品

设计作品效果所在位置：本书学习资源中的"Ch10\效果\制作电子产品网页.psd"，如图10-235所示。

3. 制作要点

使用混合模式和不透明度选项添加图片叠加效果，使用圆角矩形工具、添加锚点工具绘制装饰图形，使用多种图层样式添加立体效果，使用钢笔工具绘制虚线。

图10-235

10.5.3 案例制作步骤

1. 制作背景

（1）按Ctrl+O组合键，打开本书学习资源中的"Ch10\素材\制作电子产品网页\01、02"文件。选择移动工具 ⊕，将"02"图像拖曳到"01"图像窗口中适当的位置，效果如图10-236所示。此时，"图层"控制面板中会生成新的图层，将其命名为"锯齿边"。

图10-236

（2）按住Alt+Shift组合键的同时，将图形拖曳到适当的位置，复制图形，如图10-237所示。此时，"图层"控制面板中会生成新的图层"锯齿边 拷贝"。按Ctrl+T组合键，图像周围出现变换框，单击鼠标右键，在弹出的菜单中选择"垂直翻转"命令，垂直翻转图像，按Enter键确认操作，效果如图10-238所示。

图10-237　　　　　　　　图10-238

（3）按Ctrl+O组合键，打开本书学习资源中的"Ch10\素材\制作电子产品网页\03"文件。选择移动工具 ⊕.，将"03"图像拖曳到"01"图像窗口中适当的位置，效果如图10-239所示。此时，"图层"控制面板中会生成新的图层，将其命名为"圆环"。在"图层"控制面板上方，将"圆环"图层的混合模式选项设为"叠加"，"不透明度"选项设为70%，如图10-240所示，效果如图10-241所示。

图10-239

图10-240　　　　　　　图10-241

（4）按住Alt+Shift组合键的同时，将图形拖曳到适当的位置，复制图形并调整大小，如图10-242所示。此时，"图层"控制面板中会生成新的图层"圆环 拷贝"。在"图层"控制面板上方，将"圆环 拷贝"图层的"不透明度"选项设为50%，如图10-243所示，效果如图10-244所示。

图10-242

图10-243　　　　　　　图10-244

（5）按Ctrl+O组合键，打开本书学习资源中的"Ch10\素材\制作电子产品网页\04"文件。选择移动工具 ⊕.，将"04"图像拖曳到"01"图像窗口中适当的位置，效果如图10-245所示。此时，"图层"控制面板中会生成新的图层，将其命名为"圆环2"。在"图层"控制面板上方，将"圆环2"图层的混合模式选项设为"滤色"，"不透明度"选项设为70%，如图10-246所示，效果如图10-247所示。

图10-245

图10-246　　　　　　　图10-247

（6）按Ctrl+O组合键，打开本书学习资源中的"Ch10\素材\制作电子产品网页\05、06"文件。选择移动工具 ⊕.，将"05""06"图像分别拖曳到"01"图像窗口中适当的位置，效果如图10-248所示。此时，"图层"控制面板中会生成新的图层，将其分别命名为"亮光1"和"亮光2"，如图10-249所示。

图10-248　　　　　　　　　图10-249

2.　制作产品区

（1）选择圆角矩形工具 ▢,，在属性栏的"选择工具模式"选项中选择"形状"，将"填充"颜色设为白色，"描边"颜色设为无，"半径"选项设为6像素。在图像窗口中适当的位置绘制圆角矩形，效果如图10-250所示。此时，"图层"控制面板中会生成新的形状图层"圆角矩形1"。

图10-250

（2）在"属性"面板中单击"将角半径值链接到一起"按钮 ∞，修改右下角的圆角半径值，如图10-251所示，效果如图10-252所示。选择转换点工具 ▷.，将鼠标指针移动到图形的右下角，单击转换锚点，如图10-253所示。使用相同的方法转换另一个锚点，效果如图10-254所示。

图10-251　　　　　　　图10-252

图10-253　　　　　　　　图10-254

（3）单击"图层"控制面板下方的"添加图层样式"按钮 ƒ×，在弹出的菜单中选择"描边"命令。弹出对话框，将描边颜色设为深蓝色（40，156，199），其他选项的设置如图10-255所示。

（4）选择"外发光"选项，切换到相应的对话框，将发光颜色设为淡黄色（255，255，190），其他选项的设置如图10-256所示，单击"确定"按钮，效果如图10-257所示。

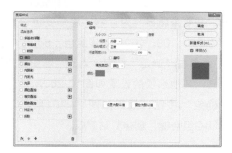

图10-255

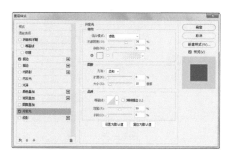

图10-256

图10-257

（5）按Ctrl+J组合键，复制图形，生成新的图层"圆角矩形1拷贝"，如图10-258所示。删除原有的图层样式，如图10-259所示。

图10-258　　　　　图10-259

（6）单击"图层"控制面板下方的"添加图层样式"按钮 *fx*，在弹出的菜单中选择"渐变叠加"命令，弹出对话框。单击"渐变"选项右侧的"点按可编辑渐变"按钮，弹出"渐变编辑器"对话框，将渐变色设为从深蓝色（0，103，169）到浅蓝色（88，249，255）。单击"确定"按钮，返回"渐变叠加"对话框，其他选项的设置如图10-260所示。单击"确定"按钮，效果如图10-261所示。按Alt+Ctrl+G组合键，创建剪贴蒙版。

图10-260

图10-261

（7）选择椭圆工具 ◯，在属性栏中将"填充"颜色设为白色，"描边"颜色设为无。在图像窗口中适当的位置绘制椭圆形，效果如图10-262所示。此时，"图层"控制面板中会生成新的形状图层"椭圆1"。在"图层"控制面板上方，将该图层的"不透明度"选项设为30%，效果如图10-263所示。按Alt+Ctrl+G组合键，创建剪贴蒙版，效果如图10-264所示。

图10-262

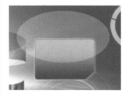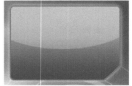

图10-263　　　　　图10-264

（8）选择钢笔工具 ⌀，在属性栏中将"填充"颜色设为无，"描边"颜色设为深蓝色（77，136，184），"粗细"选项设为3像素，单击"设置形状描边类型"选项右侧的按钮，选择需要的图形，如图10-265所示。在图像窗口中绘制需要的图形，如图10-266所示。此时，"图层"控制面板中会生成新的形状图层，将其命名为"虚线"。

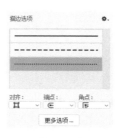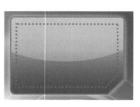

图10-265　　　　　图10-266

（9）按Ctrl+O组合键，打开本书学习资源中的"Ch10\素材\制作电子产品网页\07"文件。选择移动工具 ⊕，将"07"图像拖曳到"01"图像窗口中适当的位置，效果如图10-267所示。此时，"图层"控制面板中会生成新的图层，将其命名为"笔记本"。

（10）按住Shift键的同时，单击"圆角矩形1"图层，将需要的图层同时选取。按Ctrl+G组合键，群组图层并将其命名为"产品1"，如图10-268所示。

图10-267　　　　　图10-268

（11）使用上述方法制作出如图10-269所示的效果。选择横排文字工具 T.，输入需要的文字并选取文字，在属性栏中选择合适的字体并设置文字大小，设置文字颜色为白色，效果如图10-270所示。

图10-269　　　　　图10-270

（12）单击"图层"控制面板下方的"添加图层样式"按钮 fx.，在弹出的菜单中选择"斜面和浮雕"命令，弹出对话框。将"阴影模式"颜色设为深灰色（86，86，86），其他选项的设置如图10-271所示。选择"描边"选项，切换到相应的对话框，将描边颜色设为深

蓝色（16，130，171），其他选项的设置如图10-272所示。

（13）选择"外发光"选项，切换到相应的对话框，将发光颜色设为淡黄色（255，255，190），其他选项的设置如图10-273所示，单击"确定"按钮，效果如图10-274所示。

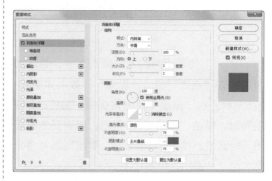

图10-271

图10-272

图10-273

超越影响力
BEYOND THE FRONTIER

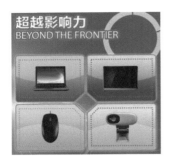

图10-274

（14）使用相同的方法输入文字，并添加图层样式“描边”和“外发光”，效果如图10-275所示。在“图层”控制面板中，按住Shift键的同时，单击“产品1”图层组，将需要的图层组同时选取。按Ctrl+G组合键，群组图层并将其命名为“产品”，如图10-276所示。

超越影响力
BEYOND THE FRONTIER

图层
类型
穿透
不透明度：100%
锁定：
填充：100%
产品
亮光 2
亮光 1
圆环 2

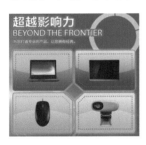

图10-275　　图10-276

3. 制作顶部、导航条和底部

（1）选择横排文字工具T，输入需要的文字并选取文字，在属性栏中选择合适的字体并设置文字大小，设置文字颜色为灰色（193，193，193），效果如图10-277所示。

（2）选择椭圆工具○，在属性栏中将“填充”颜色设为灰色（193，193，193），“描边”颜色设为无。按住Shift键的同时，在图像窗口中适当的位置绘制圆形，效果如图10-278所示。此时，“图层”控制面板中会生成新的形状图层“椭圆2”。

（3）选择横排文字工具T，输入需要的文字并选取文字，在属性栏中选择合适的字体并设置文字大小，设置文字颜色为白色，效果如图10-279所示。

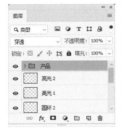

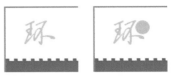

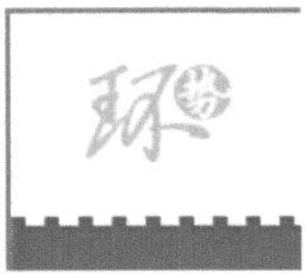

图10-277　　图10-278　　图10-279

（4）使用相同的方法再次输入文字，在属性栏中设置文字颜色为黑色，效果如图10-280所示。

（5）选择直线工具／，在属性栏中将“填充”颜色设为无，“描边”颜色设为灰色（193，193，193），“粗细”选项设为2像素。按住Shift键的同时，在图像窗口中适当的位置绘制直线，效果如图10-281所示。此时，“图层”控制面板中会生成新的形状图层“形状1”。

电子
产品

电子
产品

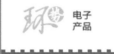

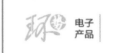

图10-280　　图10- 281

（6）选择横排文字工具T，输入需要的文字并选取文字，在属性栏中选择合适的字体并设置文字大小，设置文字颜色为浅灰色（136，136，136），如图10-282所示。选取部分文字，在属性栏中设置文字颜色为红色（231，0，0），如图10-283所示。

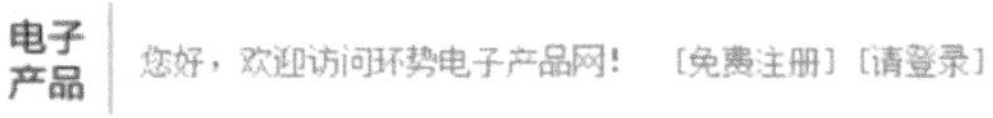

电子
产品
您好，欢迎访问环势电子产品网！ [免费注册] [请登录]

图10-282

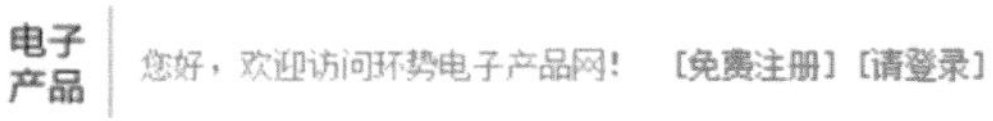

电子
产品
您好，欢迎访问环势电子产品网！ [免费注册] [请登录]

图10-283

（7）再次输入需要的文字并选取文字，在属性栏中选择合适的字体并设置文字大小，设置文字颜色为浅灰色（136，136，136），效果如图10-284所示。

图10-284

（8）选择自定形状工具，单击属性栏中的"形状"选项右侧的按钮，弹出"形状"面板，单击面板右上方的按钮，在弹出的菜单中选择"全部"选项，弹出提示对话框，如图10-285所示，单击"确定"按钮。在"形状"面板中选择需要的图形，如图10-286所示。

图10-285　　　　　　图10-286

（9）在属性栏中将"填充"颜色设为无，"描边"颜色设为浅灰色（136，136，136），"粗细"选项设为1像素，在图像窗口中适当的位置绘制图形，如图10-287所示。此时，"图层"控制面板中会生成新的形状图层"形状2"。使用相同的方法再次绘制需要的图形，如图10-288所示。此时，"图层"控制面板中会生成新的形状图层"形状3"。

图10-287　　　　　　图10-288

（10）在"图层"控制面板中，按住Shift键的同时，单击"环"图层组，将需要的图层组同时选取。按Ctrl+G组合键，群组图层并将其命名为"顶部"，如图10-289所示。

（11）选择矩形工具，在属性栏中将"填充"颜色设为白色，"描边"颜色设为无。在图像窗口中适当的位置绘制矩形，效果如图10-290所示。此时，"图层"控制面板中会生成新的形状图层"矩形1"。

图10-289

图10-290

（12）在"图层"控制面板中，将"矩形1"图层的"不透明度"选项设为20%，如图10-291所示，效果如图10-292所示。

图10-291

图10-292

（13）单击"图层"控制面板下方的"添加图层样式"按钮，在弹出的菜单中选择"投影"命令，在弹出的对话框中进行设置，如图10-293所示，单击"确定"按钮，效果如图10-294所示。

图10-293

图10-294

（14）选择横排文字工具 T.，分别输入需要的文字并选取文字，在属性栏中选择合适的

字体并设置文字大小，设置文字颜色为白色，效果如图10-295所示。分别选取部分文字，在属性栏中设置文字颜色为黄色（255，246，0），效果如图10-296所示。

| 首页 HOME | 公司介绍 INTRODUCTION | 供应产品 PRODUCT | 新闻动态 DYNAMIC | 公司采购 PURCHASE | 招聘信息 RECRUITMENT | 联系我们 CONTACT US |

图10-295

| 首页 HOME | 公司介绍 INTRODUCTION | 供应产品 PRODUCT | 新闻动态 DYNAMIC | 公司采购 PURCHASE | 招聘信息 RECRUITMENT | 联系我们 CONTACT US |

图10-296

（15）在"图层"控制面板中，按住Shift键的同时，单击"矩形1"图层，将需要的图层组同时选取。按Ctrl+G组合键，群组图层并将其命名为"导航条"，如图10-297所示。

（16）选择横排文字工具 T.，输入需要的文字并选取文字，在属性栏中选择合适的字体并设置文字大小，设置文字颜色为深灰色（98，98，98），效果如图10-298所示。再次输入文字，在属性栏中设置文字颜色为灰色（136，136，136），效果如图10-299所示。

关于我们 | 联系我们 | 人才招聘 | 商家入驻 | 广告服务 | 友情链接 | 销售联盟

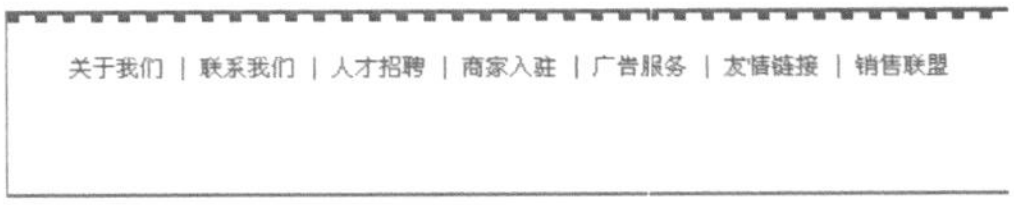

图10-298

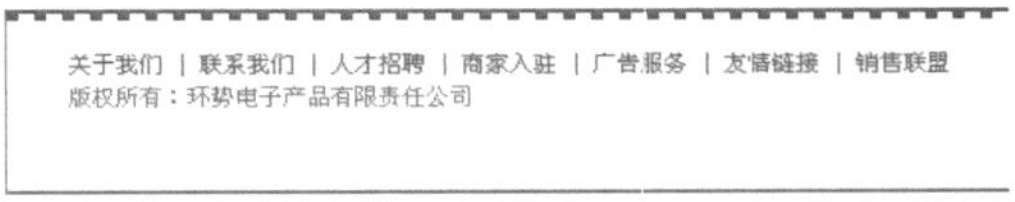

关于我们 | 联系我们 | 人才招聘 | 商家入驻 | 广告服务 | 友情链接 | 销售联盟
版权所有：环势电子产品有限责任公司

图10-299

（17）使用相同的方法再次输入文字，在属性栏中设置文字颜色为浅灰色（170，170，170），如图10-300所示。按住Shift键的同时，单击"关于我们…销售联盟"图层，将需要的图层组同时选取。按Ctrl+G组合键，群组图层并将其命名为"底部"，如图10-301所示。电子产品网页制作完成。

图10-297

关于我们 | 联系我们 | 人才招聘 | 商家入驻 | 广告服务 | 友情链接 | 销售联盟
版权所有：环势电子产品有限责任公司

Copyright: Ring potential electronic products limited liability company

图10-300

图10-301

课堂练习1——制作精品商城网页

练习1.1　项目背景及要求

1. 客户名称

快乐精品商城。

2. 客户需求

快乐精品商城是一家具有一定规模的大型商场。本例是为商城制作网站首页，要求商品分类明确，突出近期的促销活动。

3. 设计要求

（1）使用商场实景作为主体背景，使人有代入感。

（2）主题及销售内容分布明确，具有设计感。

（3）侧导航栏设计简洁大方，有利于新人的浏览。

（4）页面下方对公司的业务信息进行灵活的编排。

（5）设计规格为1205像素（宽）×862像素（高），分辨率为72像素/英寸。

练习1.2　项目素材及要点

1. 设计素材

图片素材所在位置：本书学习资源中的"Ch10\素材\制作精品商城网页\01～05"。

2. 设计作品

设计作品效果所在位置：本书学习资源中的"Ch10\效果\制作精品商城网页.psd"，如图10-302所示。

3. 制作要点

使用矩形工具和图层样式制作下拉列表，使用直线工具和复制命令制作导航栏，使用图层蒙版和矩形工具制作主体图片，使用横排文字工具添加相关信息。

图10-302

练习2.1　项目背景及要求

1．客户名称

香寇尔化妆品有限公司。

2．客户需求

香寇尔化妆品有限公司是一家专门经营高档女性化妆品的公司。本例是为公司设计网站首页，主要针对产品进行促销和推广，需要在网页上制作产品促销广告和公司相关信息，整体设计要符合公司形象，并且要迎合消费者的喜好。

3．设计要求

（1）网页背景要制作出舒适、雅致的视觉效果。

（2）多使用浅色，使画面干净清爽。

（3）使用产品和亮色进行点缀搭配，丰富画面效果。

（4）设计能够吸引消费者的注意力，突出对公司及促销产品的介绍。

（5）设计规格为1659像素（宽）×886像素（高），分辨率为72像素/英寸。

练习2.2　项目素材及要点

1．设计素材

图片素材所在位置：本书学习资源中的"Ch10\素材\制作化妆品网页\01～07"。

2．设计作品

设计作品效果所在位置：本书学习资源中的"Ch10\效果\制作化妆品网页.psd"，如图10-303所示。

3．制作要点

使用矩形选框工具和变换命令制作背景效果，使用多边形套索工具和图层样式制作装饰图形，使用文字工具添加宣传文字，使用自定形状工具添加图形，使用剪切蒙版制作广告底纹。

图10-303

课后习题1——制作科技产品网页

习题1.1 项目背景及要求

1. 客户名称

环扣科技有限公司。

2. 客户需求

环扣科技有限公司是一家为用户提供贴身管家服务的科技公司，集科研、开发、生产、销售于一体。本例是为公司设计网站首页，要求表现出公司特性及服务范围。

3. 设计要求

（1）蓝绿色的背景稳重严谨，具有科技感。

（2）元素与主标题搭配合理，画面精致美观。

（3）导航栏色彩醒目，便于浏览和查找内容。

（4）左侧详细介绍公司概况，让用户产生信任感。

（5）设计规格为1258像素（宽）×800像素（高），分辨率为72像素/英寸。

习题1.2 项目素材及要点

1. 设计素材

图片素材所在位置：本书学习资源中的"Ch10\素材\制作科技产品网页\01～07"。

2. 设计作品

设计作品效果所在位置：本书学习资源中的"Ch10\效果\制作科技产品网页.psd"，如图10-304所示。

3. 制作要点

使用圆角矩形工具和图层样式制作底图图形，使用图层样式为图片添加描边效果，使用自定形状工具和钢笔工具绘制装饰图形。

图10-304

课后习题2——制作户外运动网页

习题2.1　项目背景及要求

1. 客户名称

WAM享运户外运动俱乐部。

2. 客户需求

WAM享运户外运动俱乐部是一家经营多种户外运动的俱乐部，为人们提供拥抱自然、挑战自我的运动。本例是为俱乐部制作网站首页，要求表现出户外运动的娱乐性与刺激性。

3. 设计要求

（1）背景使用攀岩图片，在突出网站宣传主题的同时，快速吸引人们的注意。

（2）图片采用具有创意的摆放方式，使访问者可以更加便捷地搜索喜爱的户外运动项目。

（3）导航栏放置在页面的上方，方便爱好者浏览。

（4）整体设计要直观时尚，主次分明。

（5）设计规格为1560像素（宽）×970像素（高），分辨率为72像素/英寸。

习题2.2　项目素材及要点

1. 设计素材

图片素材所在位置：本书学习资源中的"Ch10\素材\制作户外运动网页\01～12"。

2. 设计作品

设计作品效果所在位置：本书学习资源中的"Ch10\效果\制作户外运动网页.psd"，如图10-305所示。

3. 制作要点

使用画笔工具、图层蒙版和色相/饱和度命令制作背景，使用矩形选框工具和横排文字工具制作导航条，使用多边形套索工具、剪贴蒙版、椭圆选框工具、横排文字工具和不透明度选项制作焦点广告，使用圆角矩形工具、渐变工具和图层样式制作宣传板，使用文字工具和画笔工具制作排行榜和导航条。

图10-305